Jo-Jo

Mathematik 3

Übungsheft

Herausgegeben von
Joachim Becherer
Dr. Andrea Schulz

Erarbeitet von
Lea Feil und
Jennifer Noack
auf der Grundlage
des Arbeitsheftes 3

Cornelsen

Inhaltsverzeichnis

Besuch im Koala-Haus

32, 40, 48, ___, ___, ___, ___, 88

1 · 4 = ___

2 · 4 = ___

10 · 4 = ___

5 · 4 = ___

40 + 9 = ___

56 + 8 = ___

61 + 13 = ___

89 − 9 = ___

52 − 4 = ___

42 − 39 = ___

3 6 ___

___ · ___ = ___

___ · ___ = ___

___ : ___ = ___

___ : ___ = ___

100, 90, 80, ___, ___, ___, ___, 30

Übungen zum Addieren bis 100

1

a)	b)
63 + 6 = ___	33 + 42 = ___
45 + 23 = ___	43 + 35 = ___
22 + 22 = ___	55 + 15 = ___

c)	d)	e)
52 + 9 = ___	27 + 36 = ___	8 + 37 = ___
16 + 16 = ___	37 + 44 = ___	26 + 28 = ___
24 + 18 = ___	9 + 25 = ___	54 + 29 = ___

: 32, 34, 42, 44, 45, 54, 61, 63, 68, 69, 70, 75, 78, 81, 83

2 Rechne und male. Ergänze weitere Aufgaben.

36 + 12	49 + 23	43 + 22	35 + 37	___
51 +14	18 + 54	35 + 13	48 + 24	___
36 + 36	24 + 24	38 + 27	26 + 22	___

3

a)	b)
67 + 22 = ~~79~~ 89	17 + 28 = 35 ___
34 + 34 = 68 ___	43 + 29 = 72 ___
45 + 27 = 73 ___	16 + 16 = 32 ___
76 + 6 = 82 ___	8 + 53 = 60 ___

Übungen zum Subtrahieren bis 100

1 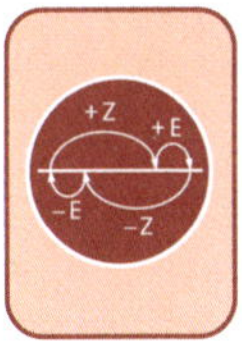

a) 57 – 6 = ____
88 – 5 = ____
24 – 12 = ____

b) 65 – 33 = ____
74 – 22 = ____
30 – 16 = ____

c) 42 – 3 = ____
53 – 15 = ____
62 – 17 = ____

d) 43 – 18 = ____
72 – 36 = ____
63 – 59 = ____

e) 91 – 37 = ____
83 – 26 = ____
71 – 68 = ____

: 3, 4, 12, 14, 25, 32, 36, 38, 39, 45, 51, 52, 54, 57, 83

2 Ordne zu und rechne.
Ergänze jeweils eine passende Aufgabe.

66 – 24 | 56 – 37 | 93 – 51 | 82 – 17

Ohne Zehnerübergang	**Mit** Zehnerübergang
66 – 24 = ____	____
____	____
____	____

3 Ergänze die fehlenden Zahlen.

a) 44 – ____ = 14
69 – ____ = 40
37 – ____ = 21

b) 52 – ____ = 48
81 – ____ = 56
67 – ____ = 39

c) ____ – 16 = 81
____ – 34 = 52
____ – 29 = 63

Übungen zum Multiplizieren bis 100

1 

a)
1 · 5 = ____
2 · 5 = ____
10 · 5 = ____
5 · 5 = ____

b)
1 · 8 = ____
2 · 8 = ____
10 · 8 = ____
5 · 8 = ____

2 a)
1 · 3 = ____
2 · 7 = ____
10 · 6 = ____
5 · 9 = ____

b)
1 · 6 = ____
2 · 3 = ____
10 · 9 = ____
5 · 7 = ____

3 a)

·	3	6	7
10			
5			

b)

·	6	8	9
7			
9			

4 Bilde passende Malaufgaben zu den Briefumschlägen.

4 · 5

____

____

____

____

____

Übungen zum Dividieren bis 100

1

a)
18 : 3 = ____
24 : 3 = ____
30 : 3 = ____

b)
8 : 8 = ____
40 : 8 = ____
72 : 8 = ____

c)
14 : 7 = ____
35 : 7 = ____
49 : 7 = ____

2

a)
50 : 10 = ____
24 : 6 = ____
18 : 2 = ____
25 : 5 = ____

b)
21 : 3 = ____
45 : 5 = ____
42 : 7 = ____
27 : 9 = ____

c)
30 : 5 = ____
32 : 4 = ____
56 : 8 = ____
72 : 9 = ____

3

a)
4 6 ____

____ · __ = ____
____ · __ = ____
____ : __ = ____
____ : __ = ____

b)
9 ____ 45

____ · __ = ____
____ · __ = ____
____ : __ = ____
____ : __ = ____

4 Rechne. Beachte den Rest.

a)
21 : 5 = ____ R __
35 : 4 = ____ R __
29 : 6 = ____ R __

b)
45 : 7 = ____ R __
76 : 8 = ____ R __
49 : 9 = ____ R __

Schätzen, bündeln und zählen

① Wie viele Erbsen sind jeweils in den Gläsern? Schätze.

A 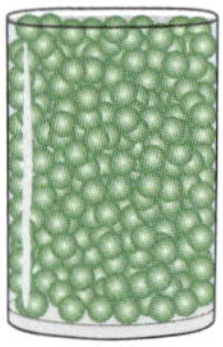
B 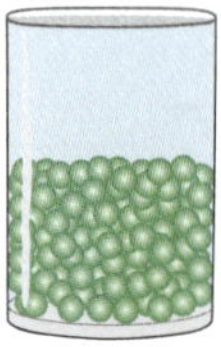
C 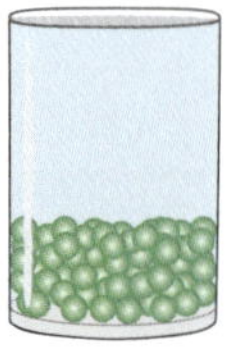
D 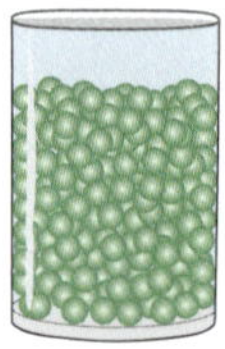

400 Erbsen ______ Erbsen ______ Erbsen ______ Erbsen

② Welche Zahlen sind dargestellt?
Trage in die Stellentafel ein. Schreibe als Zahl.

a) 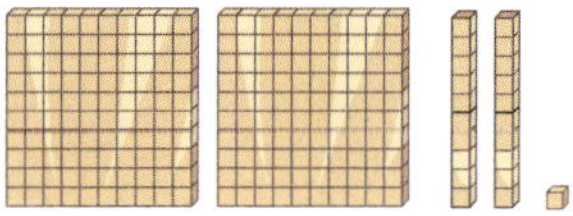

H	Z	E

______

b) 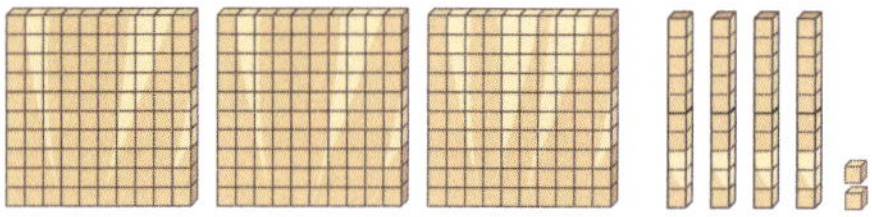

H	Z	E

______

c) 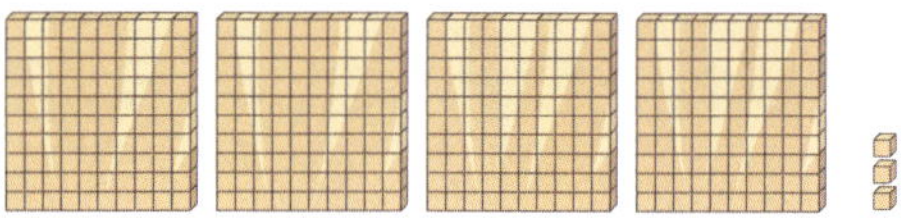

H	Z	E

______

③ Welche Zahlen sind dargestellt?

a) 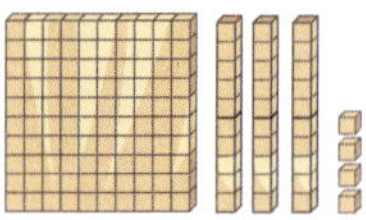

1 H + __ Z + __ E Zahl ______

b) 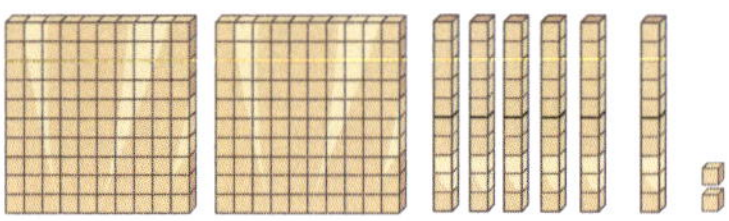

__ H + __ Z + __ E Zahl ______

Hunderter, Zehner, Einer

1 Welche Zahlen sind dargestellt?

a)  300 + ____ + __ = ______

b)  ______ + ____ + __ = ______

c)  ____________________

d) 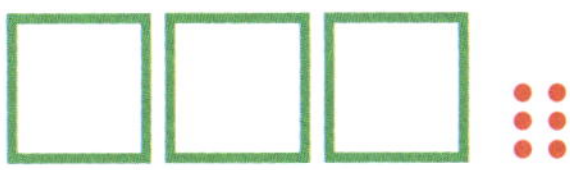 ____________________

2 Zeichne die Zahlbilder.

a) 362

b) 630

3 Notiere die Zahl.

a) einhundertfünfundzwanzig ______

b) vierhundertdreizehn ______

c) fünfhundertachtzig ______

d) dreihundertsieben ______

Der Tausenderstreifen

① Wie viele Punkte sind es?

a) 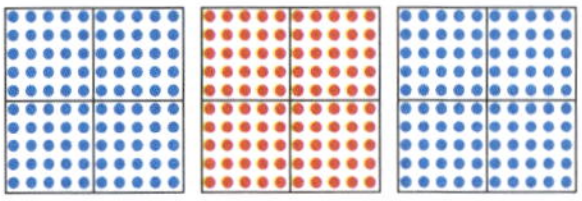 ______

b) 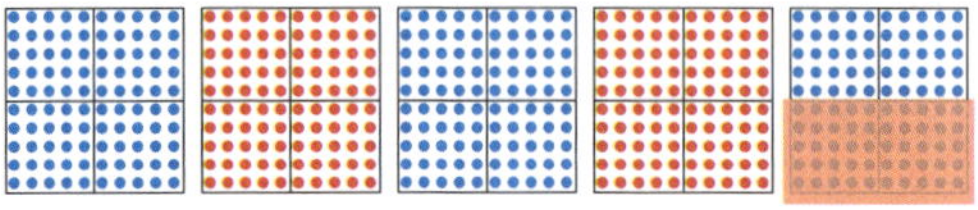 ______

c) 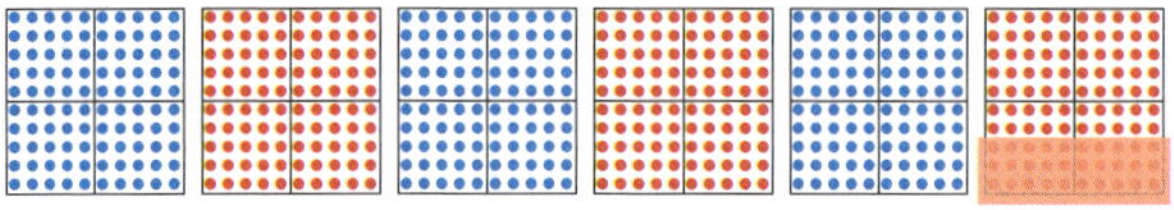 ______

② Welche Zahl ist dargestellt? Schreibe sie auf.
Schreibe auch das Doppelte auf.

a) 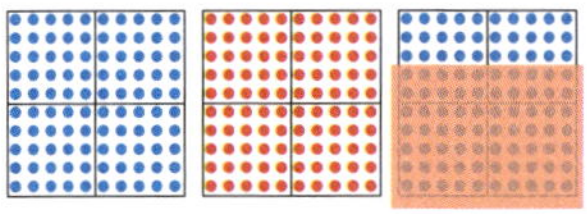 Zahl ______ das Doppelte ______

b) 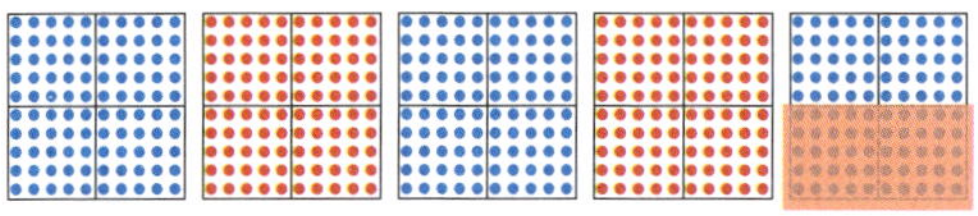 Zahl ______ das Doppelte ______

③ Setze die Reihen fort.

a) 100, 200, 300, ______, ______, ______, ______, ______

b) 647, 648, 649, ______, ______, ______, ______, ______

c) 50, 100, 150, ______, ______, ______, ______, ______

d) 1 000, 900, 800, ______, ______, ______, ______, ______

e) 1 000, 950, 900, ______, ______, ______, ______, ______

Die Tausendertafel

701									710
									750
									800

(1) Trage …

a) alle Zehnerzahlen ein.

b) alle Zahlen ein, die rechts von 701 stehen.

c) alle Zahlen ein, die links von 750 stehen.

d) alle Zahlen ein, die eine 5 an der Einerstelle haben.

e) alle Zahlen in die farbigen Felder ein.

Der Zahlenstrahl

① Trage die Zahlen ein.

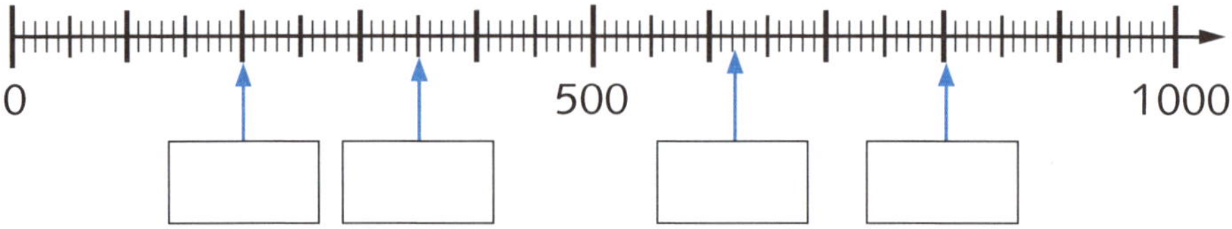

② Verbinde die Zahlen mit der richtigen Stelle am Zahlenstrahl.

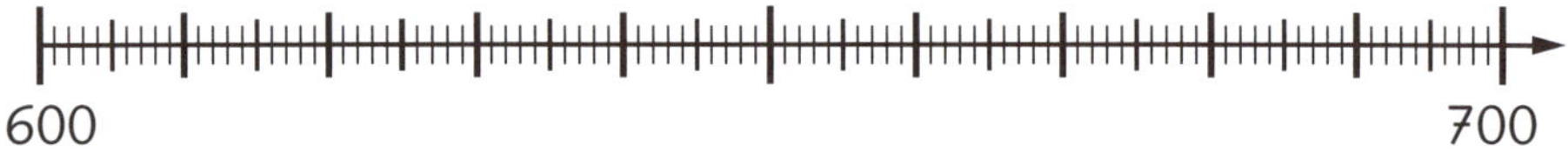

605 630 645 658 672 683 696

③ a)

Vorgänger	Zahl	Nachfolger
	215	
	590	
	700	

b)

Vorgänger	Zahl	Nachfolger
632		
757		
		478

④ a)

Nachbarzehner	Zahl	Nachbarzehner
	624	
	382	
	169	

b)

Nachbarhunderter	Zahl	Nachbarhunderter
	789	
	803	
	280	

Zahlen vergleichen und ordnen

1 Vergleiche. Setze <, > oder = ein.

a)		b)		c)	
530 ○ 53		860 ○ 870		540 ○ 450	
650 ○ 560		120 ○ 130		396 ○ 396	
390 ○ 410		710 ○ 710		899 ○ 907	

2 Ordne die Zahlen nach der Größe.

a) Beginne mit der größten Zahl.

720	380	838	~~940~~	860	695

940 > ______ > ______ > ______ > ______ > ______

b) Beginne mit der kleinsten Zahl.

63	430	503	339	78	806

______ < ______ < ______ < ______ < ______ < ______

3 Kreise die passenden Zahlen ein.

< 346		
(146)	573	480
265	312	729
352	67	236

> 658		
742	358	893
685	531	645
162	967	258

Euro und Cent

1 Wie viele Euro sind es?

a) 

€

b) 

€

c) 

€

2 Zeichne.

a) 35 ct 

b) 72 ct

3 Welche Scheine können es sein?

a) 300 €

b) 420 €

c) 280 €

Daten entnehmen und darstellen

① Übertrage die Daten aus dem Diagramm in die Tabelle.

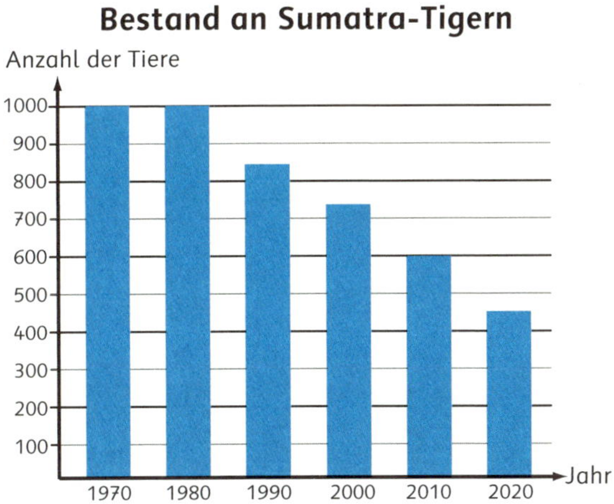

Jahr	Tiger
1970	
1980	
	850
	750
2010	
	450

② Überprüfe die Aussagen.

	wahr	falsch
a) Die Anzahl der Sumatra-Tiger fällt seit 1980.	◯	◯
b) In den Jahren 1980 und 1990 ist der Bestand der Sumatra-Tiger gleich geblieben.	◯	◯
c) Im Jahr 2020 hat sich die Anzahl der Sumatra-Tiger von 1990 halbiert.	◯	◯
d) Vom 2010 bis 2020 ist der Bestand der Tiger um 150 Tiere gefallen.	◯	◯
e) Im Jahr 2020 war der Bestand am niedrigsten.	◯	◯

Geometrische Körper und ihre Eigenschaften

① Welchen geometrischen Körper erkennst du? Verbinde.

Würfel	Quader	Kegel	Zylinder	Pyramide	Kugel

②

	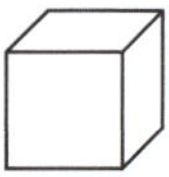	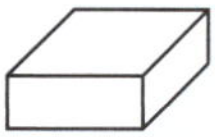	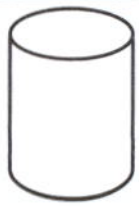	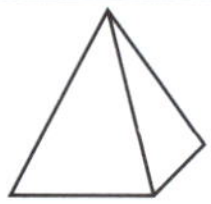
Ecken	8			
Kanten				
Flächen				

③ Welcher Körper kann es sein?

a) Der Körper hat zwei Flächen. ____________________

b) Der Körper hat acht Ecken, zwölf Kanten und sechs gleich große Quadrate. ____________________

c) Der Körper hat drei Flächen. ____________________

Ansichten von Körpern

1 Betrachte die Bauwerke.

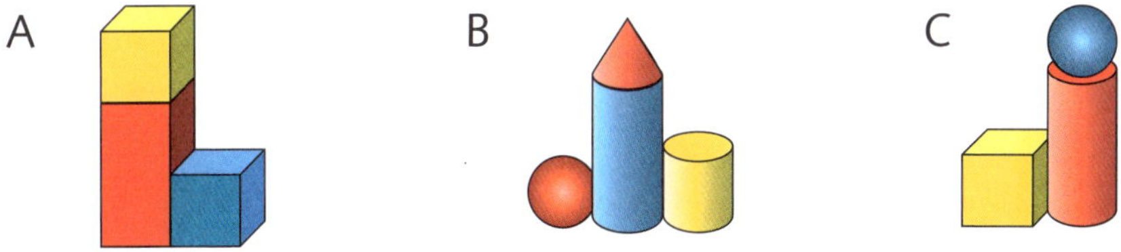

Die Ansichten zeigen die Gebäude von rechts. Ordne zu.

2 Das Bauwerk wurde von verschiedenen Seiten betrachtet. Male an.

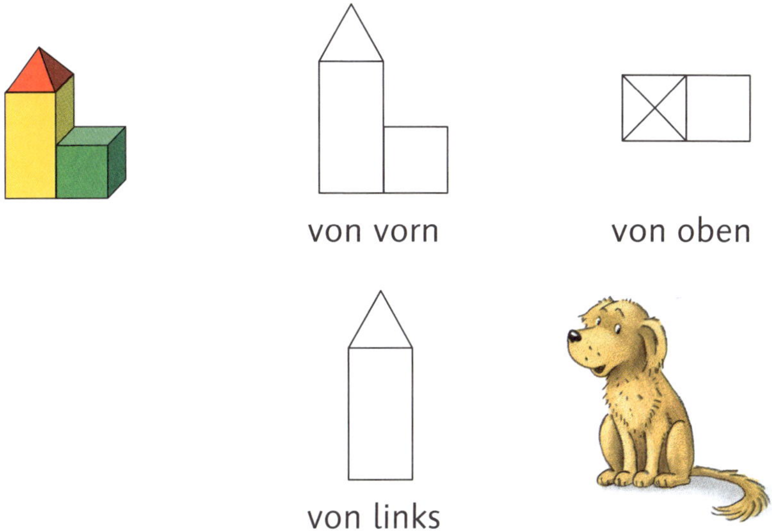

Würfelgebäude

① Ergänze die Baupläne.

A

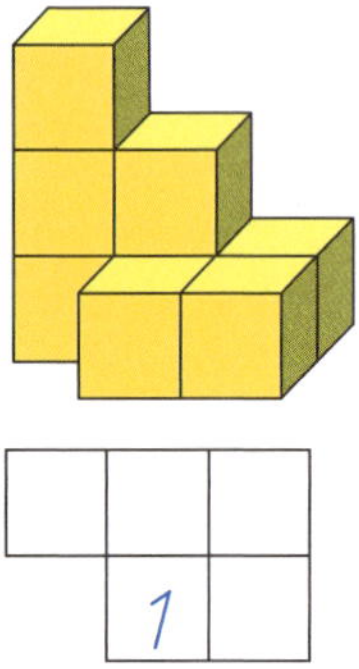

B

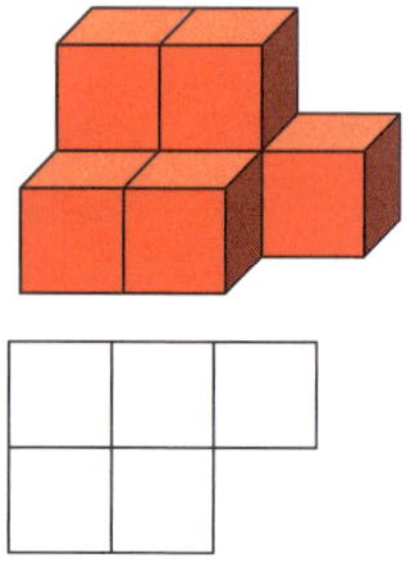

C

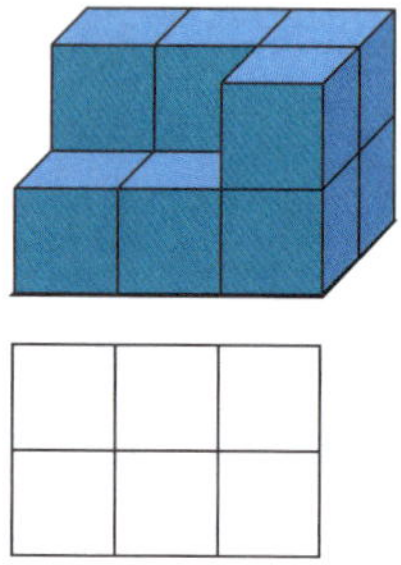

② Zeichne zu jedem Würfelgebäude einen Bauplan.

A

B

C

Würfelnetze

1) Welche Figuren sind Würfelnetze? Kreuze an.

a) 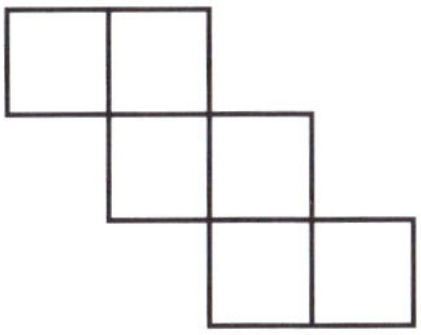

b) 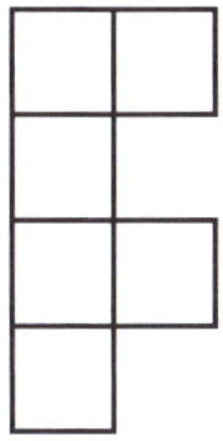

c) 

2) Ergänze zu Würfelnetzen.

a) 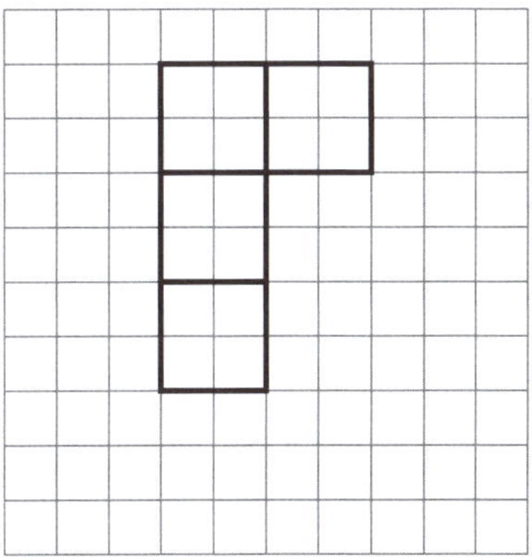

b) 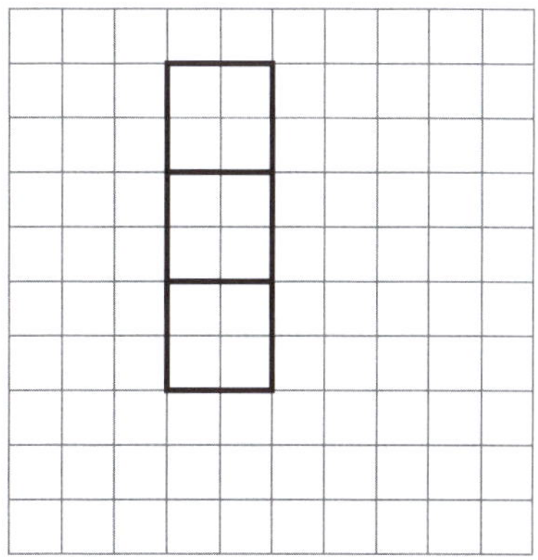

3) Ergänze die Würfelaugen wie auf einem Spielwürfel.

a) 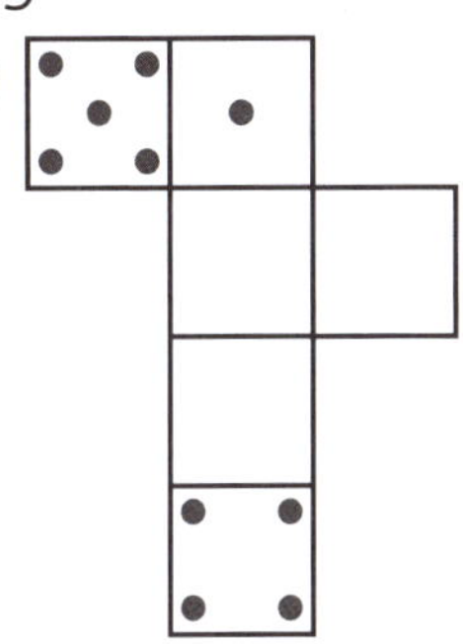

b) 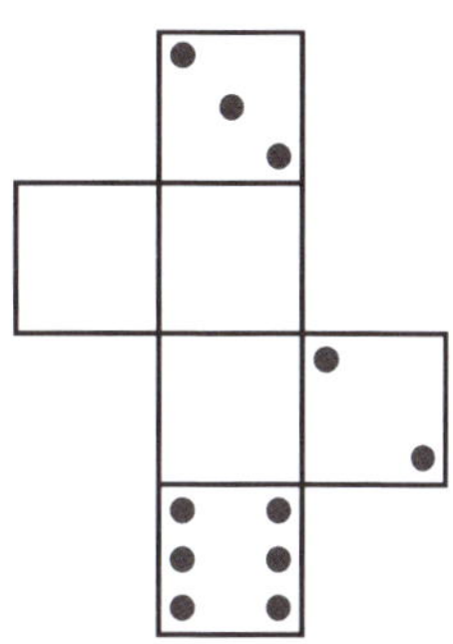

Quadernetze

① Welche Figur ist ein Quadernetz? Kreuze an.

a) 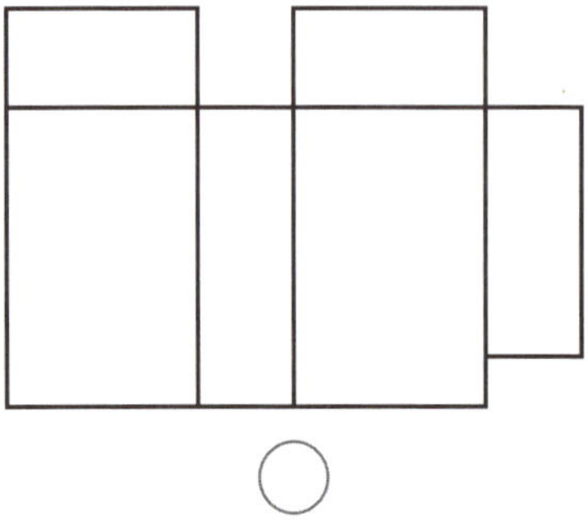

b) 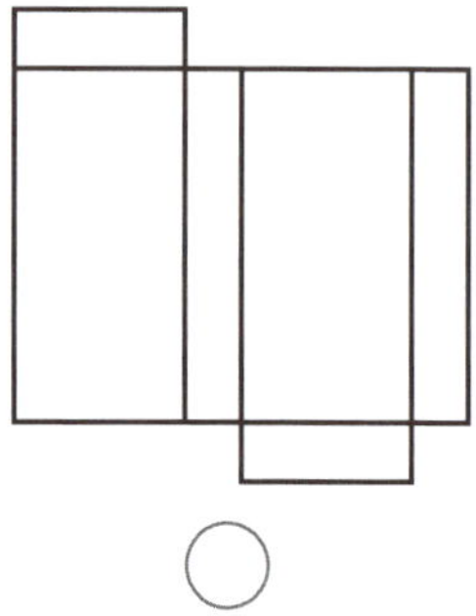

② Färbe die gegenüberliegende Flächen des Quaders in derselben Farbe.

a) 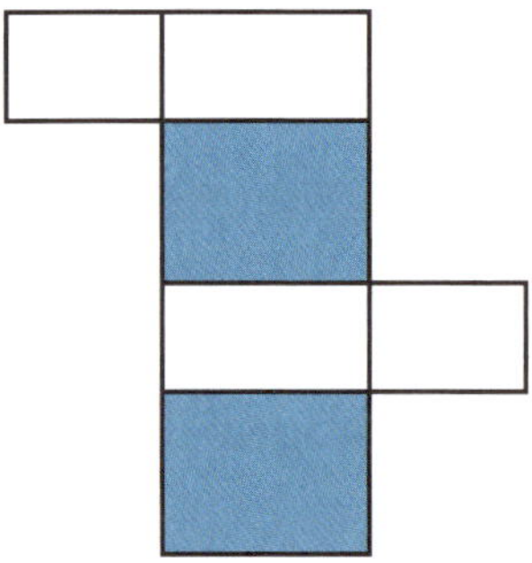

b) 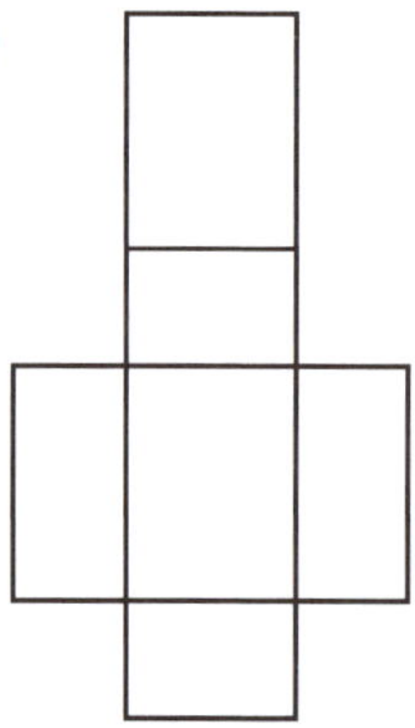

③ Ergänze zu einem Quadernetz.

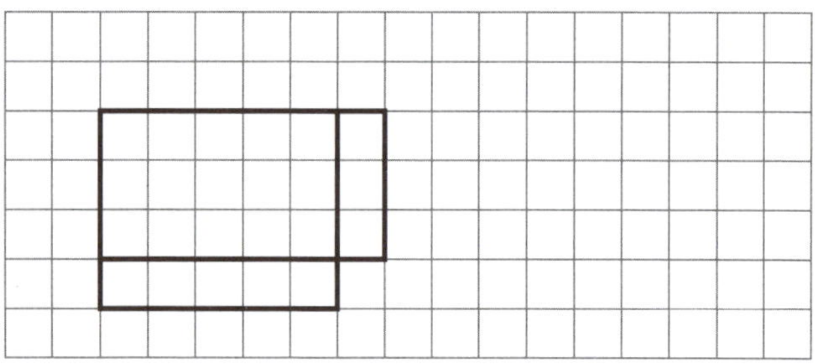

Addieren ohne Hunderterübergang

1 Welche Aufgabe gehört zu welchem Bild?
Verbinde und rechne.

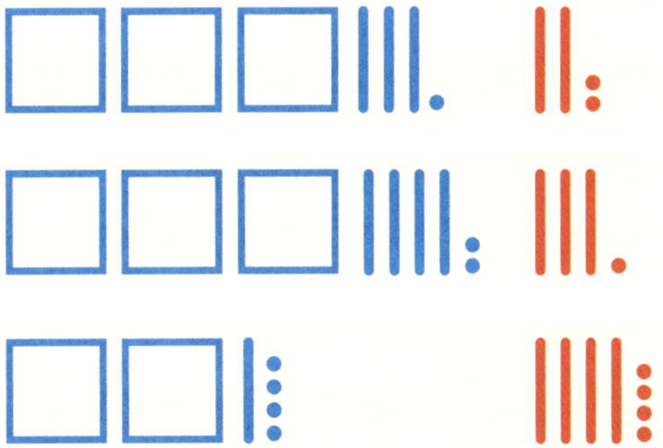

214 + 44 = ______

331 + 22 = ______

342 + 31 = ______

2 Kleine Aufgaben – große Aufgaben. Male und rechne.

42 + 6 = ______ | 35 + 54 = ______ | 168 + 14 = ______

535 + 54 = ______ | 760 + 18 = ______

68 + 14 = ______ | 542 + 6 = ______ | 60 + 18 = ______

3 a) 453 + 46 = ______

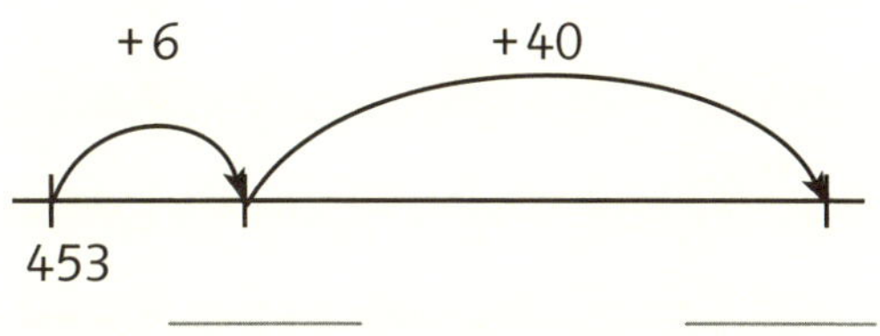

b) 264 + 28 = ______

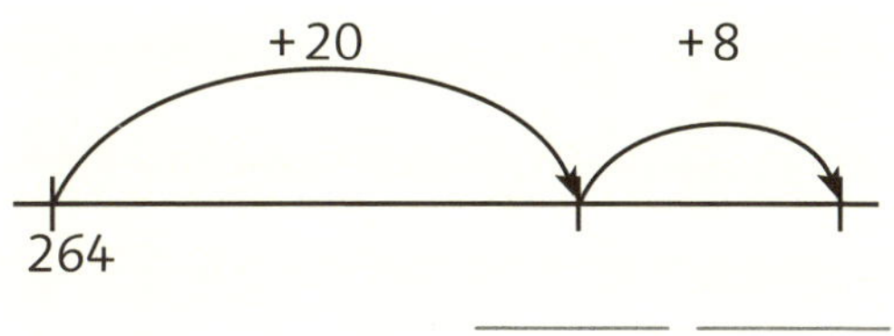

Subtrahieren ohne Hunderterübergang

(1) Welche Aufgabe gehört zu welchem Bild?
Verbinde und rechne.

245 – 43 = ______

453 – 32 = ______

341 – 31 = ______

(2) Kleine Aufgaben – große Aufgaben. Male und rechne.

83 – 25 = ______

76 – 19 = ______

350 – 42 = ______

286 – 54 = ______

676 – 19 = ______

383 – 25 = ______

86 – 54 = ______

50 – 42 = ______

(3) a) 256 – 34 = ______

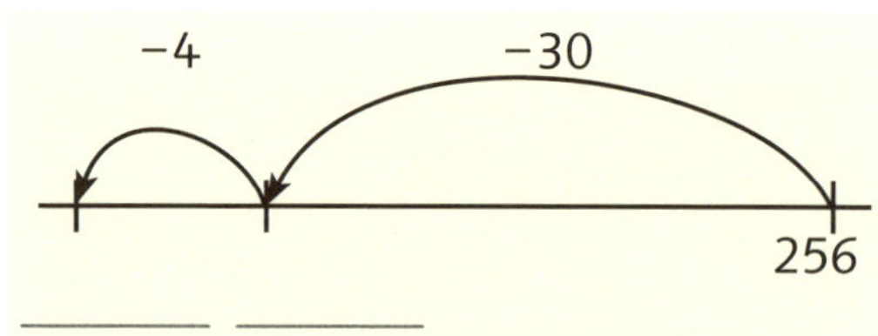

b) 896 – 67 = ______

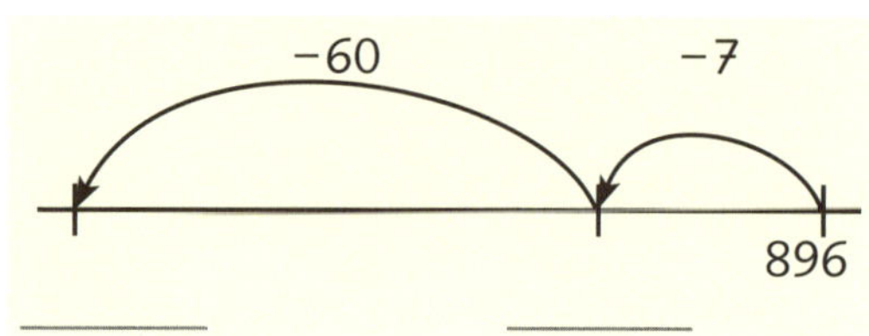

Addieren mit Hunderterübergang

1 Löse die Aufgaben auf deinem Weg.

a) 360 + 180 = ______

b) 258 + 370 = ______

2 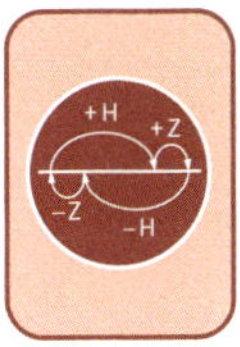

a) 240 + 70 = ______

240 + 80 = ______

240 + 85 = ______

260 + 85 = ______

b) 420 + 190 = ______

420 + 192 = ______

420 + 195 = ______

620 + 195 = ______

3 a)

b)

4 Male die Aufgaben ohne Hunderterübergang an.
Löse diese zuerst.

340 + 650 = ______

123 + 82 = ______

460 + 295 = ______

628 + 110 = ______

Subtrahieren mit Hunderterübergang

① Löse die Aufgaben auf deinem Weg.

a) 540 – 350 = ______

b) 620 – 270 = ______

② 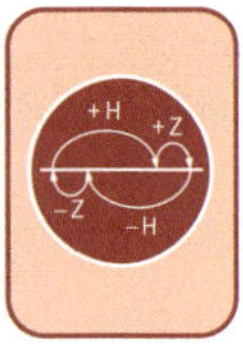

a) 520 – 140 = ______

520 – 340 = ______

820 – 340 = ______

826 – 340 = ______

b) 340 – 50 = ______

340 – 56 = ______

540 – 56 = ______

550 – 56 = ______

③ a)

620

340 | __

250 | __ | 190

b)

520

__ | 270

160 | __ | __

④ Male die Aufgaben ohne Hunderterübergang an.
Löse diese zuerst.

732 – 220 = ______

408 – 12 = ______

978 – 60 = ______

520 – 270 = ______

Übungen zum Addieren und Subtrahieren

1

a) 265 + 199 = ______
407 + 298 = ______
659 + 190 = ______

b) 316 − 99 = ______
370 − 169 = ______
405 − 398 = ______

2 Rechne und male.

860 – 440	380 + 210	930 – 510
1 000 – 410	720 – 340	850 – 260
590 – 210	340 + 80	120 + 260

3

a) 402 – 399 = ______
203 – 197 = ______

b) 701 – 698 = ______
605 – 594 = ______

4

a)

+	42	39	220
170			
364			

b)

−	62	320	440
670			
568			

Überschlagsrechnung

(1) Überschlage den Preis.

Roller
89€

Trampolin
219€

Skateboard
119€

Inliner
79€

a) Roller und Trampolin Ü: ____________________

b) Skateboard und Inliner Ü: ____________________

(2) Überschlage und male an.

910 – 299 – 85	250 + 231	658 – 159
330 + 187 + 78	174 + 92 + 186	700 – 86

(3) Rechne nur die Aufgaben, deren Ergebnis kleiner als 500 ist.

a) 246 + 310 = ______

b) 220 + 176 = ______

c) 633 – 102 = ______

d) 652 – 180 = ______

Rechnen mit Geld: Kommaschreibweise

① Wie viele Euro sind es? Schreibe mit Komma.

a)  ________ €

b)  ________

② Immer 2 Karten gehören zusammen. Male an.

1,20 €	10 ct	3 € 50 ct	10,10 €	5,50 €
5 € 50 ct	350 ct	1 € 20 ct	0,10 €	10 € 10 ct

③ Ergänze die fehlenden Schreibweisen.

in Euro und Cent	3 € 45 ct		4 € 3 ct
in Cent		670 ct	
in Euro	3,45 €		

④ Lisa kauft eine Schere für 2 € 50 ct, eine Packung Buntstifte für 4,80 € und einen Radierer für 60 ct.
Wie viel muss Lisa bezahlen?

Gleichungen und Ungleichungen

1 Setze passende Zahlen ein.

a)
530 + ______ = 700
50 + ______ = 110
______ + 225 = 250
______ + 45 = 590

b)
620 − ______ = 400
456 − ______ = 306
______ − 60 = 460
______ − 185 = 80

2 Welche Zahlen passen?

a) 220 + △ < 226 für △ 0, 1, ______
128 + □ < 132 für □ ______
389 + ○ < 394 für ○ ______

b) 370 − **x** > 364 für **x** ______
658 − **y** > 653 für **y** ______
272 − **z** > 267 für **z** ______

3 Vergleiche. Setze <, > oder = ein.

a) 420 + 80 ○ 400
326 + 66 ○ 400

b) 530 + 70 ○ 350 + 250
310 + 190 ○ 182 + 299

c) 619 − 120 ○ 520
485 − 75 ○ 410

d) 945 − 45 ○ 999 − 99
564 − 320 ○ 663 − 460

Meter, Dezimeter, Zentimeter und Millimeter

(1) Wie groß sind die Dinge in Wirklichkeit?
Ergänze die passende Einheit.

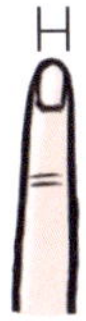

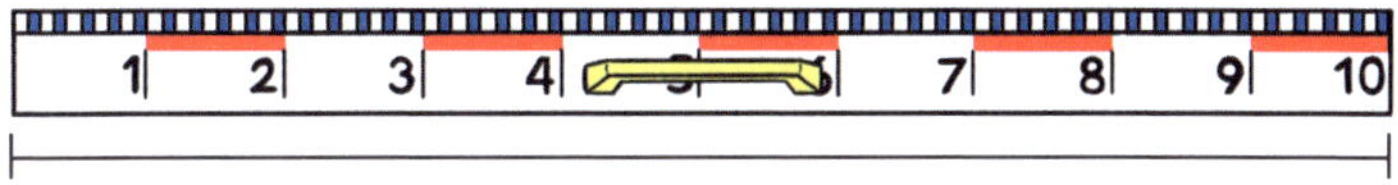

1 ____

1 ____

1 ____

1 ____

(2) a) Ordne die Strecken der Länge nach.
Beginne mit der kürzesten.
b) Miss die Länge der Strecken in cm.

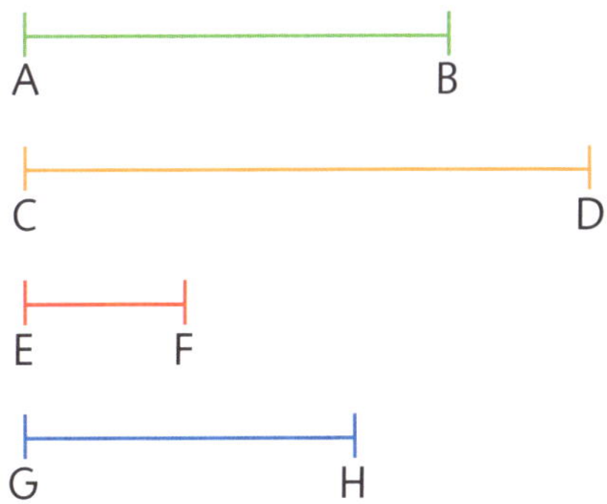

Strecke	gemessen
$\overline{EF}$	

(3) Zeichne die Strecken:
$\overline{LM}$ = 25 mm, $\overline{NO}$ = 47 mm

Kommaschreibweise bei Längen

(1) Male gleiche Längen mit der gleichen Farbe an.

242 cm	604 cm	5 m 9 cm	5,80 m
580 cm	5,09 m	2 m 42 cm	6,04 m

(2) Schreibe mit Komma.

a) 4 m 12 cm = ______ b) 405 cm = ______

6 m 30 cm = ______ 83 cm = ______

(3) Ordne die Ergebnisse des Hochsprungs.
Beginne mit dem besten Ergebnis.

1 m 10 cm	100 cm	90 cm	0,98 m	1,05 m

______ > ______ > ______ > ______ > ______

(4) Ergänze zu 1 Meter.

a) 30 cm + ______ b) 51 cm + ______

90 cm + ______ 9 cm + ______

Kilometer und Meter

1) Ordne. Beginne mit der kürzesten Länge.

$\frac{1}{2}$ km	650 m	480 m	3 km	1 000 m

_______ < _______ < _______ < _______ < _______

2) Ergänze zu 1 Kilometer.

a) 200 m + _______

700 m + _______

100 m + _______

500 m + _______

b) 850 m + _______

360 m + _______

249 m + _______

714 m + _______

3) Familie Hilbert ist gewandert.
Sie sind vom Campingplatz 3 km bis zu einem See und einen 6 km langen Weg um den See gelaufen.
Danach sind sie $\frac{1}{2}$ km zu einem Aussichtspunkt und 500 m zurück zum Campingplatz gewandert.
Wie viele Kilometer sind das?

Achsensymmetrie

(1) Zeichne alle Symmetrieachsen ein.

a)

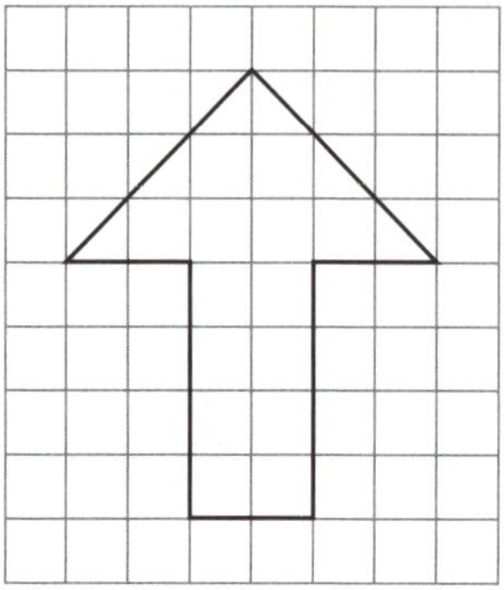

b)

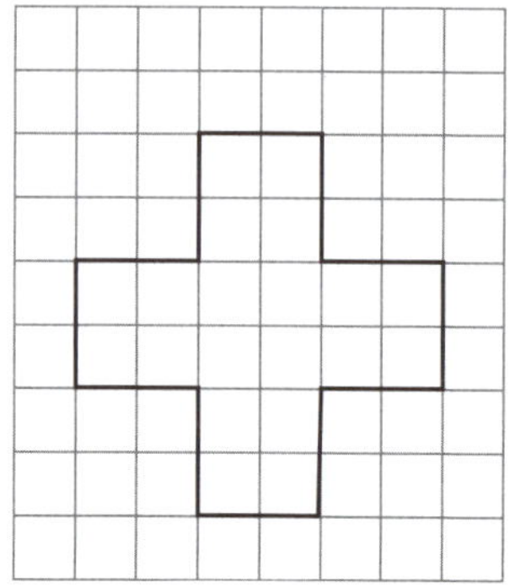

(2) Ergänze zu symmetrischen Figuren.

a)

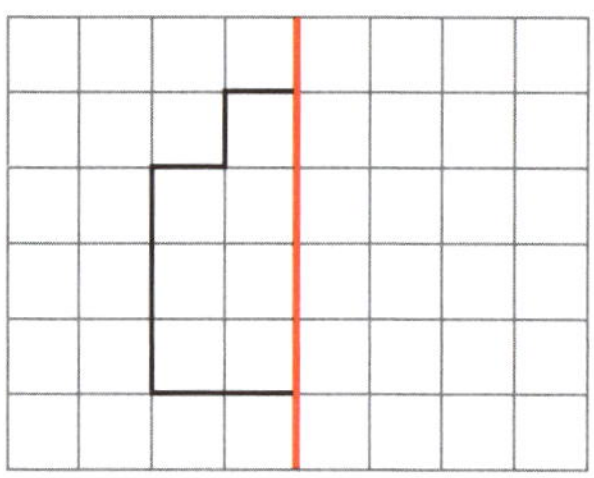

b)

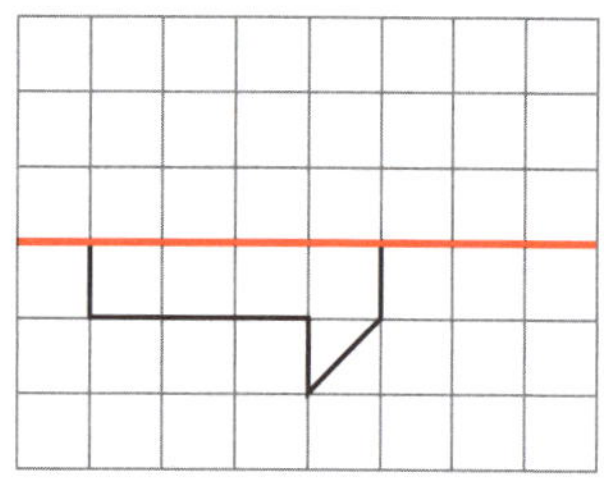

(3) Ergänze zu symmetrischen Figuren.

a)

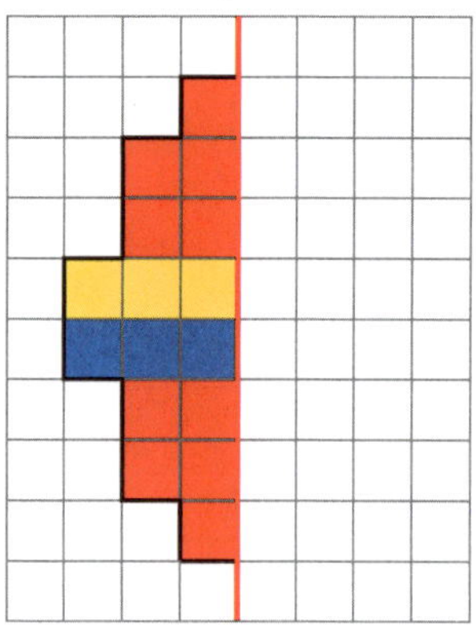

b)

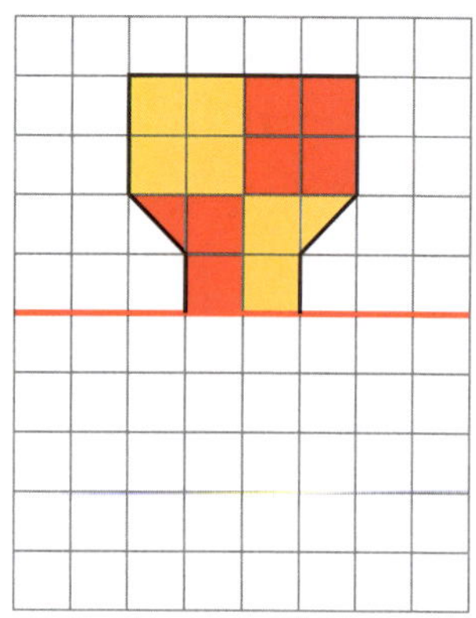

Multiplizieren und dividieren mit Zehnerzahlen

1

a) $2 \cdot 4 =$ ______

$2 \cdot 40 =$ ______

$2 \cdot 400 =$ ______

b) $9 : 3 =$ ______

$90 : 3 =$ ______

$900 : 3 =$ ______

2 Nutze die kleine Aufgabe.

a) $8 \cdot 60 =$ ______

$7 \cdot 40 =$ ______

$5 \cdot 90 =$ ______

b) $20 \cdot 9 =$ ______

$50 \cdot 6 =$ ______

$80 \cdot 7 =$ ______

c) $6 \cdot 100 =$ ______

$4 \cdot 200 =$ ______

$3 \cdot 300 =$ ______

: 180, 280, 300, 450, 480, 560, 600, 800, 900

3

a) $60 : 3 =$ ______

$80 : 2 =$ ______

$120 : 4 =$ ______

b) $360 : 6 =$ ______

$490 : 7 =$ ______

$720 : 8 =$ ______

c) $160 : 40 =$ ______

$450 : 50 =$ ______

$630 : 90 =$ ______

: 4, 7, 9, 20, 30, 40, 60, 70, 90

4 Rechne die kleine Aufgabe und jeweils zwei passende große Aufgaben.

a) $3 \cdot 4 =$ ______ $3 \cdot 40 =$ ______ $30 \cdot 4 =$ ______

b) $7 \cdot 6 =$ ______ ______ ______

c) $10 : 2 =$ ______ ______ ______

d) $6 : 3 =$ ______ ______ ______

Punktrechnung vor Strichrechnung

(1) Was gehört zusammen? Male an und rechne.

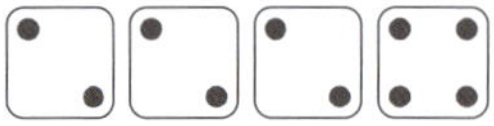

4 · 5 + 2 = ____

3 + 2 · 6 = ____

3 + 4 · 1 = ____

3 · 2 + 4 = ____

(2) Schreibe die Aufgabe und rechne.

a)  ____________

b)  ____________

c)  ____________

(3) Beachte die Regel. Unterstreiche, was du zuerst rechnest.

a) 4 + 3 · 2 = ____

5 + 6 · 3 = ____

2 + 4 · 7 = ____

b) 25 − 3 · 4 = ____

32 − 5 · 6 = ____

18 − 2 · 7 = ____

c) 21 : 7 + 2 = ____

36 : 6 + 8 = ____

48 : 8 + 3 = ____

d) 420 : 6 − 20 = ____

300 : 5 − 40 = ____

180 : 3 − 60 = ____

0, 2, 4, 5, 9, 10, 13, 14, 20, 23, 30, 50

Multiplizieren

① Zeichne Zahlbilder und rechne.

a) 3 · 15 = ____

b) 4 · 13 = ____

② Rechne fertig.

a) 7 · 12 = ____

7 · 10 = ____

7 · 2 = ____

b) 7 · 12 = ____

5 · 12 = ____

2 · 12 = ____

③ Löse die Aufgaben auf deinem Weg.

a) 4 · 16 = ____

b) 6 · 18 = ____

④ 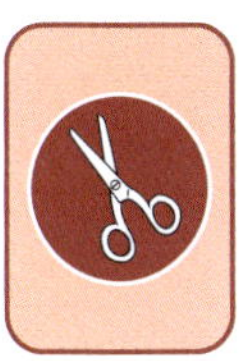

a) 3 · 15 = ____

6 · 17 = ____

4 · 13 = ____

7 · 16 = ____

b) 8 · 24 = ____

5 · 32 = ____

7 · 23 = ____

4 · 39 = ____

 : 45, 52, 102, 112, 156, 160, 161, 192

Dividieren

1 Rechne fertig.

a) 110 : 5 = ____

50 : 5 = ____

50 : 5 = ____

10 : 5 = ____

b) 110 : 5 = ____

100 : 5 = ____

10 : 5 = ____

2 Löse die Aufgaben auf deinem Weg.

a) 60 : 4 = ____

b) 72 : 6 = ____

3 Zerlege so, dass du leicht teilen kannst.

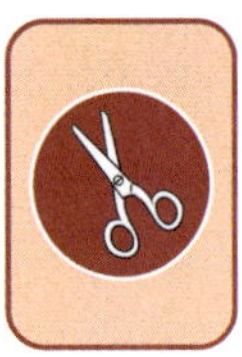

a) 99 : 9 = ____

42 : 3 = ____

84 : 4 = ____

91 : 7 = ____

b) 148 : 4 = ____

162 : 3 = ____

240 : 5 = ____

336 : 8 = ____

: 11, 13, 14, 21, 37, 42, 48, 54

Dividieren mit Rest

1

a) 61 : 5 = ____ R __

62 : 5 = ____ R __

63 : 5 = ____ R __

64 : 5 = ____ R __

b) 78 : 7 = ____ R __

79 : 7 = ____ R __

80 : 7 = ____ R __

81 : 7 = ____ R __

2 Rechne und male.

41 : 3	63 : 4	54 : 5	75 : 6	92 : 8
90 : 4	183 : 9	83 : 3	94 : 6	115 : 7
128 : 7	122 : 8	63 : 5	124 : 6	103 : 9

3 Für einen Elternabend werden für 80 Eltern Tische aufgestellt. An einen Tisch passen 6 Personen. Wie viele Tische müssen aufgestellt werden?

Übungen zur Multiplikation und Division

1 a) $3 \cdot 40 =$ ____ b) $5 \cdot 13 =$ ____ c) $19 \cdot 6 =$ ____

$5 \cdot 60 =$ ____ $4 \cdot 16 =$ ____ $23 \cdot 4 =$ ____

$4 \cdot 50 =$ ____ $7 \cdot 12 =$ ____ $31 \cdot 9 =$ ____

2 a) $75 : 5 =$ ____ b) $640 : 80 =$ ____

$96 : 8 =$ ____ $450 : 90 =$ ____

$72 : 3 =$ ____ $600 : 20 =$ ____

3 a)

·	13	24	35
4			
5			

b)

:	4	6	8
240			
144			

4 Welche Zahl ist gesucht?

a)

Meine Zahl erhält man, wenn man 14 mit 5 multipliziert.

____

b)

Meine Zahl erhält man, wenn man 123 durch 3 dividiert.

____

Gleichungen und Ungleichungen

1. Setze passende Zahlen ein.

a) 3 · 13 = ____
2 · 16 = ____

b) __ · 12 = 48
__ · 14 = 70

c) 5 · ____ = 60
7 · ____ = 91

d) 64 : 4 = ____
85 : 5 = ____

e) ____ : 2 = 19
____ : 7 = 16

f) 55 : __ = 11
42 : __ = 14

2. Setze für die Platzhalter passende Zahlen ein.

a) 13 · ● = 52   ● = __
6 · ▲ = 78   ▲ = __

b) ▲ · 15 = 45   ▲ = __
■ · 13 = 39   ■ = __

c) 60 : ■ = 15   ■ = __
91 : ◆ = 13   ◆ = __

d) ◆ : 3 = 15   ◆ = ____
■ : 4 = 13   ■ = ____

3. Setze für die Platzhalter passende Zahlen ein.

a) 3 · △ < 16   für △ ____________

b) ○ · 15 < 54   für ○ ____________

c) 24 : 6 > □   für □ ____________

4. Vergleiche. Setze <, > oder = ein.

a) 2 · 13 ○ 3 · 11
4 · 16 ○ 3 · 16

b) 60 : 5 ○ 36 : 3
72 : 8 ○ 42 : 6

Sachrechnen: Rechnen mit Tabellen

(1) Ergänze die Tabellen.

a)

	Stück	1	2	3	4	5
	Preis in €	1,10				

b)

	Stück	1	2	3	4	5
	Preis in €		5,00			

c)

	Kugel	1	2	3	4	5
	Preis in €			4,50		

(2) Simon kauft 3 Päckchen Sammelkarten für 2,70 €. Ali kauft dreimal so viele Karten. Wie viel muss Ali bezahlen?

(3) Welches Angebot ist günstiger?

A 

2,40 €

B 

5,60 €

Stunden und Minuten

1 Verbinde die Uhrzeiten mit den passenden Ziffernblättern.

16.45 Uhr	7.20 Uhr	10.35 Uhr	17.10 Uhr

2 Wie spät ist es? Notiere beide Uhrzeiten.

a)  b)  c)  d) 

a) 6.15 Uhr ______ ______
b) ______ ______
c) ______ ______
d) ______ ______

3 Was kann stimmen? Kreuze an.

- Es ist 6.55 Uhr. ◯
- Es ist kurz vor 18 Uhr. ◯
- Es ist fünf Minuten vor 6 Uhr. ◯
- Es ist fünf Minuten nach 17 Uhr. ◯
- Es ist 17.55 Uhr. ◯

Stunden, Minuten und Sekunden

① Wie viele Sekunden sind vergangen? Verbinde.

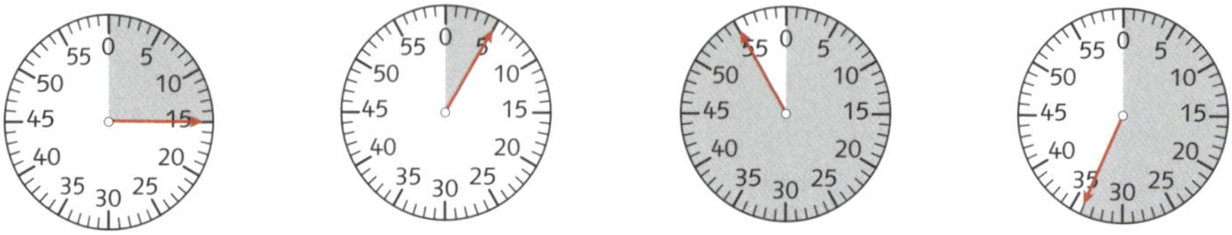

| 5 s | 15 s | 34 s | 55 s |

② Wie viele Sekunden sind es?

a) 3 min = ______ s
6 min = ______ s
$\frac{1}{2}$ min = ______ s

b) 6 min 15 s = ______ s
10 min 30 s = ______ s
8 min 20 s = ______ s

③ Wie viele Minuten sind es?

a) 2 h = ______ min
4 h = ______ min
$\frac{1}{2}$ h = ______ min

b) 3 h 30 min = ______ min
5 h 40 min = ______ min
7 h 10 min = ______ min

④ Wie viele Stunden und Minuten sind es?

a) 75 min = 1 h 15 min
100 min = ______
150 min = ______

b) 190 min = ______
125 min = ______
$1\frac{1}{2}$ h = ______

Zeitpunkte und Zeitspannen

1 Ergänze.

a)

6.20 Uhr —3 h→ _____ Uhr —_____→ _____

Zeitspanne: 3 h 20 min

b)

12.30 Uhr —_____→ _____ Uhr —_____→ 14.20 Uhr

Zeitspanne: _____

c)

_____ —_____→ _____ Uhr —_____→ 18.30 Uhr

Zeitspanne: 1 h 40 min

2

Abfahrt	Fahrtzeit	Ankunft
7.25 Uhr		8.15 Uhr
15.30 Uhr	2 h 10 min	
14.05 Uhr	4 h 40 min	
	50 min	13.05 Uhr
	2 h 10 min	16.40 Uhr

Schriftliche Addition

1 Addiere schriftlich. Achte auf den Übertrag.

a)

	H	Z	E
	5	3	1
+	1	4	7

b)

	H	Z	E
	1	1	2
+	3	1	6

c)

	H	Z	E
	5	0	7
+	1	6	4

d)

	6	1	5
+	1	5	6

e)

	8	5	3
+		7	1

f)

	7	0	8
+	1	3	4

428, 671, 678, 771, 842, 924

2 Schreibe untereinander und addiere schriftlich.

a) 457 + 234

+			

b) 383 + 145

+			

c) 829 + 57

+			

3 Schreibe untereinander und addiere schriftlich.

a) 208 + 383 b) 572 + 383 c) 69 + 524

Übungen zur schriftlichen Addition

1 Addiere schriftlich.
Es kann auch mehrere Überträge geben.

a)

	4	1	8
+	2	4	9

b)

	1	7	8
+	7	4	2

c)

	8	4	1
+		8	9

d)

	4	2	9
+	1	5	3

582, 667, 920, 930

2 Überschlage und addiere schriftlich.

Ü

a) Ü:

	2	7	2
+	5	0	9

b) Ü:

	1	8	7
+	5	6	6

3 Welche Aufgaben rechnest du im Kopf? Löse diese zuerst.

a) 150 + 320 = ______

b) 657 + 247 = ______

c) 503 + 270 = ______

d) 264 + 485 = ______

470, 749, 773, 904

Schriftliche Subtraktion ohne Übertrag

① Subtrahiere schriftlich.

a)

	H	Z	E
	4	6	5
–	1	5	1

b)

	H	Z	E
	3	9	8
–	1	2	3

c)

	H	Z	E
	5	4	9
–	4	1	3

d)

	5	2	6
–	3	0	5

e)

	2	7	5
–	1	2	2

f)

	7	5	6
–	5	4	6

136, 153, 210, 221, 275, 314

② Schreibe untereinander und subtrahiere schriftlich.

a) 476 – 342 b) 885 – 333 c) 773 – 42

③ a) 874 – 742 b) 673 – 31 c) 359 – 224

Schriftliche Subtraktion mit Übertrag

1 Subtrahiere schriftlich.

a)

	8	7	6
−	5	6	8

b)

	8	8	3
−	3	2	4

c)

	3	5	9
−	1	7	7

d)

	7	5	5
−	3	0	8

e)

	5	8	3
−	4	1	5

f)

	6	6	1
−	5	3	4

127, 168, 182, 308, 447, 559

2 Überschlage und subtrahiere schriftlich.

Ü

a) Ü:

	8	1	7
−	2	2	2

b) Ü:

	5	6	1
−		7	3

Übungen zur schriftlichen Subtraktion

1) Welches Ergebnis könnte stimmen?
Überschlage und male an. Rechne dann schriftlich.

a)

	5	8	4
−	3	1	6

168 | 268 | 368

b)

	3	8	5
−	1	4	7

238 | 88 | 138

c)

	3	7	2
−		5	6

256 | 246 | 316

2) Welche Aufgaben rechnest du im Kopf? Löse diese zuerst.

a) 640 – 310 = ______

b) 714 – 468 = ______

c) 503 – 371 = ______

d) 940 – 230 = ______

e) 850 – 299 = ______

f) 431 – 428 = ______

g) 926 – 215 = ______

h) 367 – 167 = ______

3, 132, 200, 246, 330, 551, 710, 711

Übungen zur schriftlichen Addition und Subtraktion

1 Überschlage und male an.

Ergebnis 201 bis 300 | Ergebnis 301 bis 400 | Ergebnis 401 bis 500

150 + 277	650 – 408	238 + 85	365 – 144
877 – 540	302 + 169	126 + 81	764 – 279

2 Ergänze die fehlenden Ziffern.

a)

	5	3	6
+	2		5
		6	

b)

		4	
–	1	8	6
	3		1

c)

	9		5
–		4	7
	3	2	

3 a) Addiere 347 und 265.

b) Subtrahiere von 700 die Zahl 346.

c) Bilde die Differenz aus 932 und 695.

Übungen zur schriftlichen Addition und Subtraktion

(1) Welche Aufgaben rechnest du im Kopf? Löse diese zuerst.

a) 351 + 350 = ______

b) 156 + 465 = ______

c) 576 + 234 = ______

d) 437 + 98 = ______

e) 701 – 698 = ______

f) 940 – 80 = ______

g) 821 – 357 = ______

h) 455 – 289 = ______

3, 166, 464, 535, 621, 701, 810, 860

(2) Der höchste Turm Deutschlands ist der Berliner Fernsehturm mit 368 m Höhe.
Der Heinrich-Hertz-Turm in Hamburg ist 89 m kleiner.
Wie hoch ist der Heinrich-Hertz-Turm?

Schriftliches Rechnen mit Kommazahlen

1 a)

	2,	5	3	€
+	5,	3	4	€

b)

	6,	0	4	€
+	1,	8	6	€

c)

	3,	5	4	€
+	2,	8	5	€

d)

	4,	9	8	€
−	2,	8	4	€

e)

	7,	1	9	€
−	3,	8	1	€

f)

	4,	6	3	€
−	0,	7	8	€

2 Überschlage und male an.

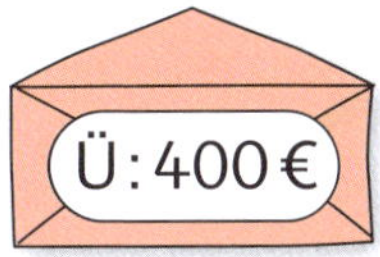

135,52 € + 254,68 €

118,48 € + 109,39 €

584,60 € − 396,15 €

175,05 € + 198,72 €

840,99 € − 458,15 €

732,76 € − 515,51 €

3 Nino kauft ein Puzzle für 5,49 € und ein Spielzeugauto für 4,95 €. Er bezahlt mit einem 20-€-Schein.
Wie viel Geld bekommt Nino zurück?

Sachrechnen: Informationen entnehmen

(1) Die Kinder der Sonnenbergschule planen einen Ausflug und haben eine Umfrage gemacht.

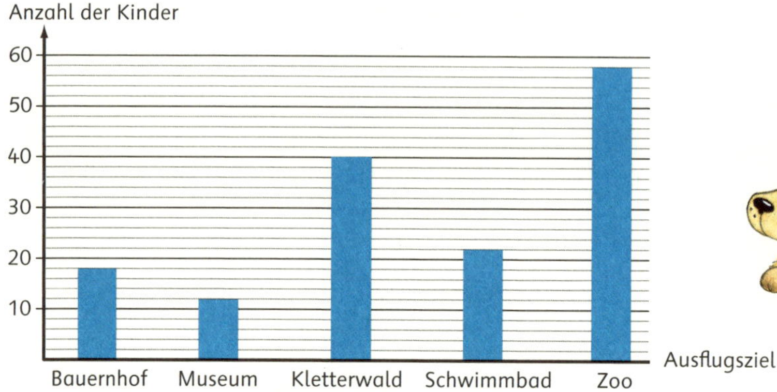

a) Welches Ausflugsziel ist am beliebtesten?

____

b) Wie viele Kinder wollen in den Zoo? __________

c) Wie viele Kinder besuchen die Sonnenbergschule? ____________________

(2) Überprüfe die Aussagen.

	wahr	falsch
a) Ins Schwimmbad wollen halb so viele Kinder gehen wie in den Kletterwald.	◯	◯
b) Das Museum haben 6 Kinder weniger gewählt als den Bauernhof.	◯	◯
c) Die Hälfte der Kinder möchte in den Zoo.	◯	◯

Sachrechnen: Daten entnehmen

Eintritt in den Zoo	Tageskarte	ermäßigt*	10-er Karte
Kleinkinder bis 2 Jahre	kostenlos		
Kinder 2–18 Jahren	5,50 €	3,00 €	45,00 €
Erwachsene	8,50 €	5,00 €	70,00 €
Familienkarte gilt für 2 Erwachsene und bis zu 3 Kinder	25,00 €	15,00 €	200,00 €
*täglich ab 16:00 Uhr ist der Eintritt ermäßigt			

1. a) Was kostet eine Tageskarte für ein Kind von 10 Jahren? ______________

   b) Was kostet eine 10-er Karte für einen Erwachsenen? ______________

   c) Wie viel bezahlen Toni und sein Papa, wenn sie den Zoo nach 16 Uhr besuchen? ______________

2. Verena geht mit ihrer 12-jährigen Schwester Elina, ihrer Mama, ihrem Papa und ihrer Oma morgens in den Zoo. Wie viel muss die Familie bezahlen?

Diagramme lesen und erstellen

In der Berg-Grundschule wurde eine Umfrage zu den Lieblingsportarten der Kinder durchgeführt.

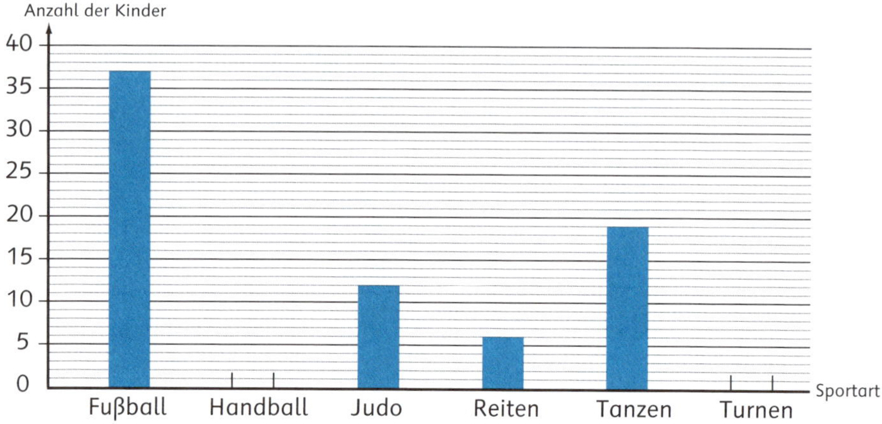

1. Ergänze das Diagramm.
   a) Turnen haben doppelt so viele Kinder gewählt wie Reiten.
   b) Handball haben 10 Kinder mehr gewählt als Judo.

2. a) Wie viele Kinder haben Judo gewählt? ______________
   b) Was ist die beliebteste Sportart? ______________
   c) Welche Sportarten wurden am wenigsten gewählt? ______________

3. Wie viele Kinder haben an der Umfrage teilgenommen?

____

4 In der Klasse 3 ergab die gleiche Umfrage diese Ergebnisse:

Sportart	Fuß-ball	Hand-ball	Judo	Reiten	Tanzen	Turnen
Anzahl der Kinder	6	1	7	1	5	2

Erstelle ein Balkendiagramm.

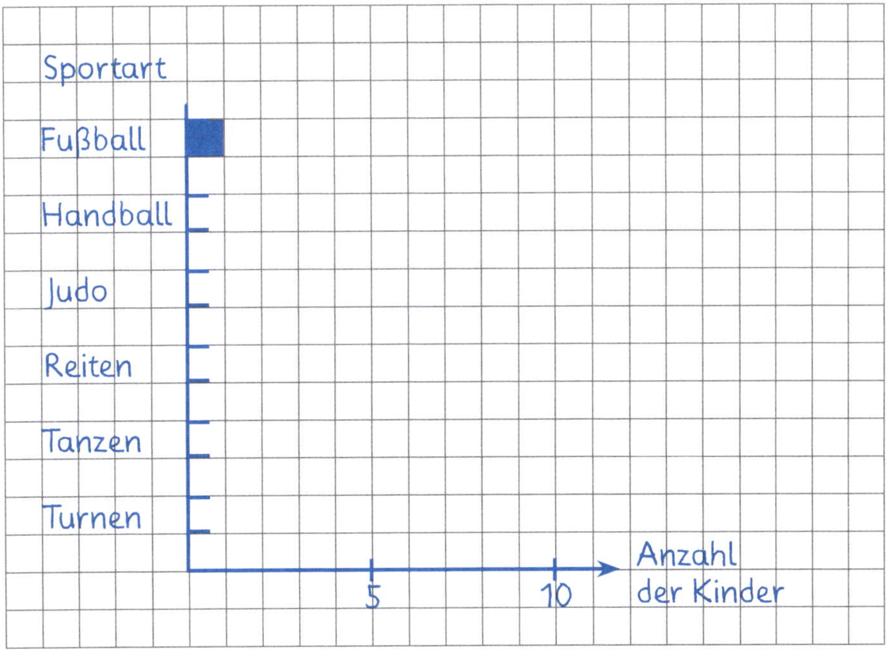

Wahrscheinlichkeit

① Verbinde die Aussagen mit den passenden Glücksrädern.

Die Gewinnchancen für Blau sind am größten.

Die Gewinnchancen für Gelb sind am größten.

Die Gewinnchancen für Rot und Blau sind gleich groß.

Die Gewinnchancen für Rot sind am größten.

② Male alle Kugeln passend an.

a) Es ist möglich, dass du eine rote Kugel ziehst.

b) Es ist sicher, dass du eine blaue Kugel ziehst.

c) Es ist unmöglich, dass du eine grüne Kugel ziehst.

Kombinatorik

(1) Nina geht mit ihrer Oma in die Eisdiele.
Es gibt die Sorten Vanille, Himbeere, Blaubeere und Schokolade.
Nina darf sich zwei Kugeln aussuchen.
Male die Eistüten passend an.

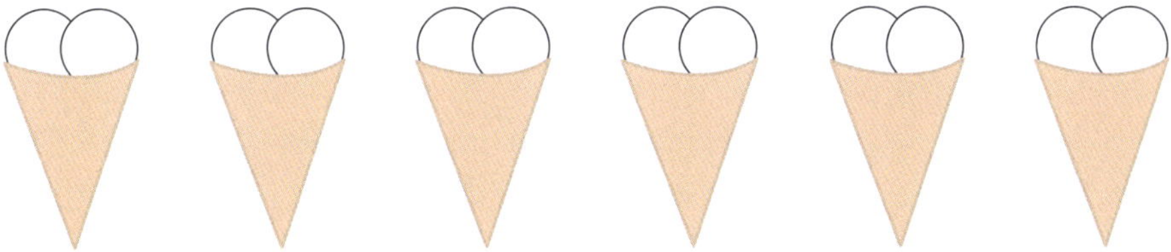

(2) Nino geht ins Kino. Er möchte sich etwas zu trinken und einen Snack kaufen.
Als Getränk gibt es **L**imonade, **W**asser oder **A**pfelsaft. Als Snack kann er zwischen **P**opcorn und **G**ummibärchen wählen.
Finde alle Möglichkeiten mithilfe eines Baumdiagramms.

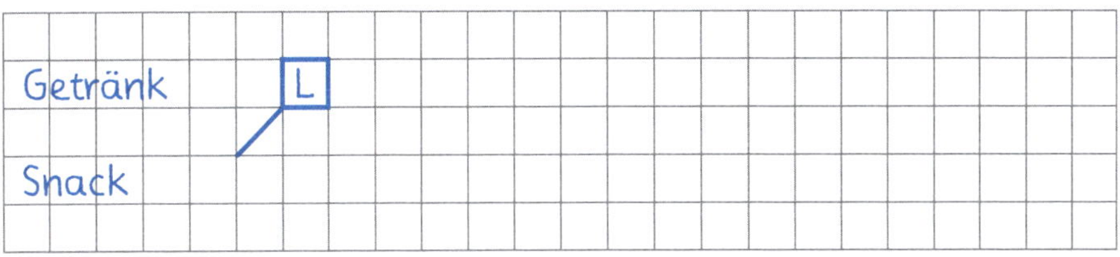

Zueinander parallele Geraden

(1) Welche Geraden sind parallel zur Geraden g? Überprüfe mit einem Geodreieck. Zeichne sie mit rot nach.

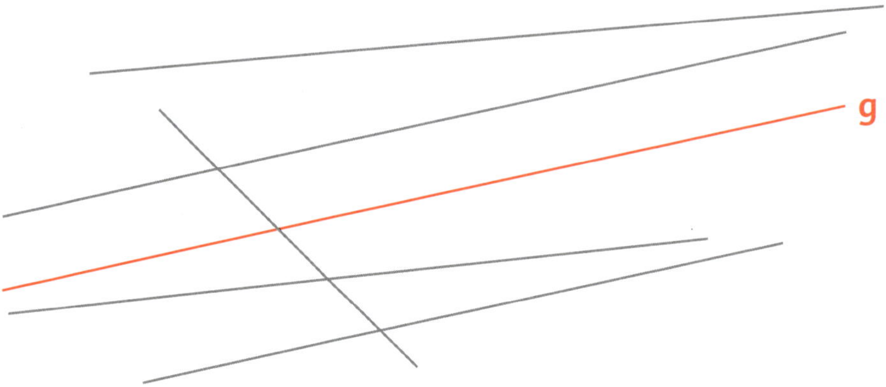

(2) Zeichne zur Geraden h zwei parallele Geraden. Verwende ein Geodreieck.

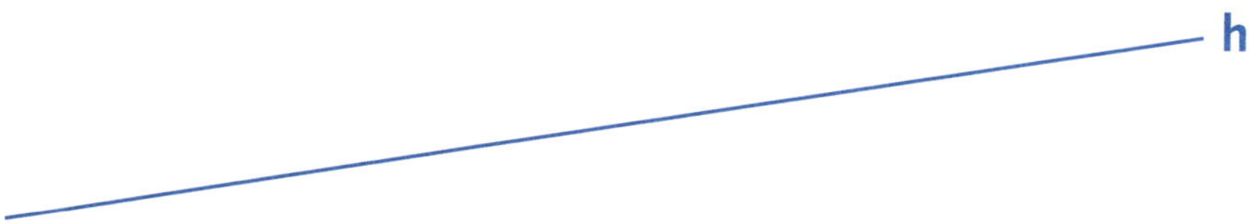

(3) Färbe zueinander parallele Linien in der gleichen Farbe.

a)

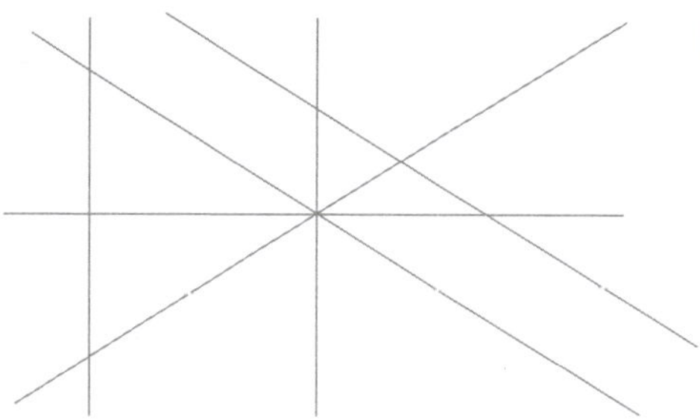

b)

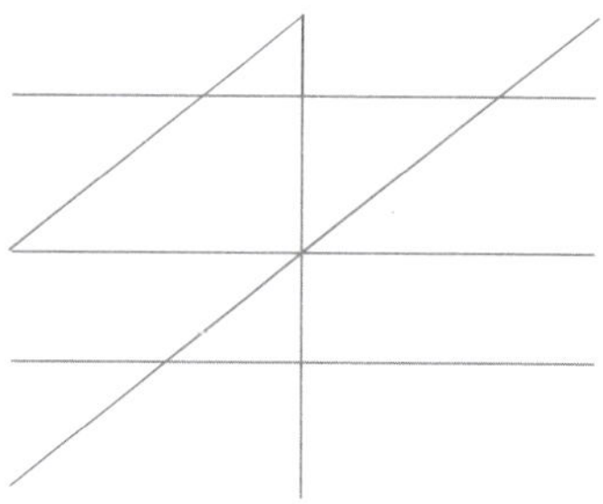

Zueinander senkrechte Geraden

(1) Sind die Geraden zueinander senkrecht?
Überprüfe mit einem Geodreieck. Kreuze an.

a) b) c)

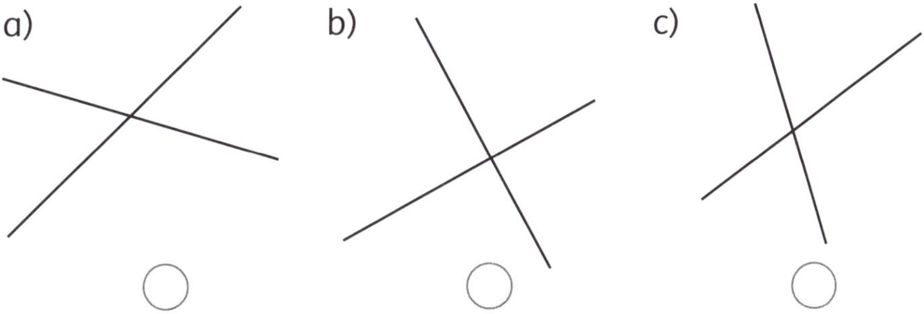

(2) Setze das Muster fort. Verwende ein Geodreieck.

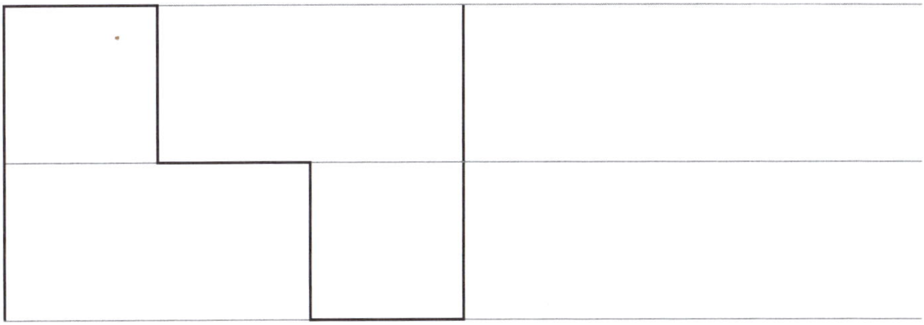

(3) Markiere die rechten Winkel mit ⊾.

a)

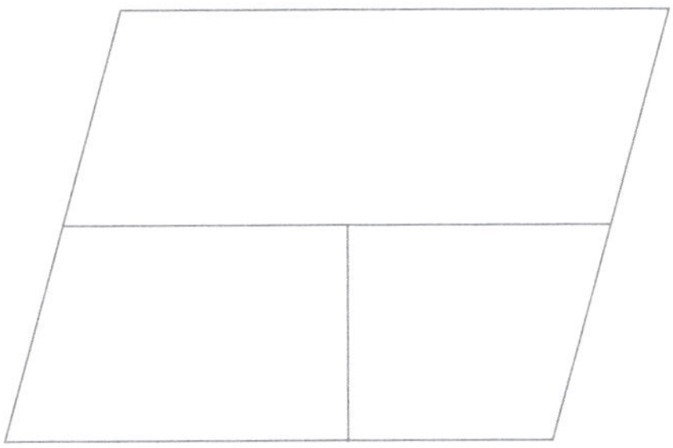

b)

Flächen

(1) Welche Flächen können es sein?

a) Die Figur hat 4 Ecken und 4 Seiten.
Die gegenüberliegenden Seiten
sind zueinander parallel.
Es gibt 4 rechte Winkel.

____________ ____________

b) Die Figur hat 4 Ecken und 4 Seiten.
Gegenüberliegende Seiten sind
zueinander parallel.
Die Seiten sind nicht gleich lang.

____________ ____________

(2) Schreibe selbst ein Rätsel.

____

____

____

(3) Vervollständige die Zeichnungen.

a) Rechteck

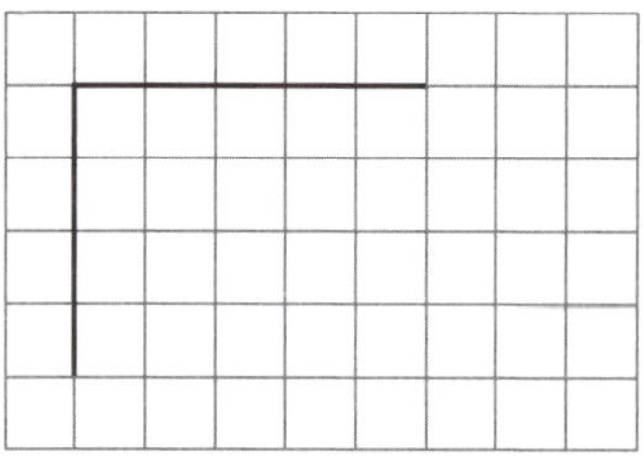

b) Parallelogramm

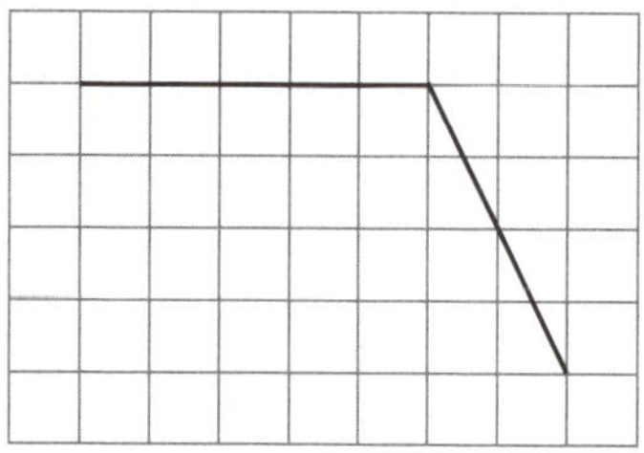

4 Verkleinere die Figuren. Zeichne jede Linie halb so lang.

a)

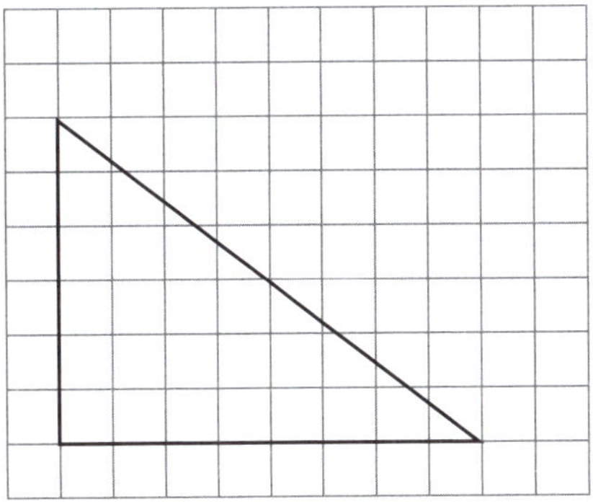

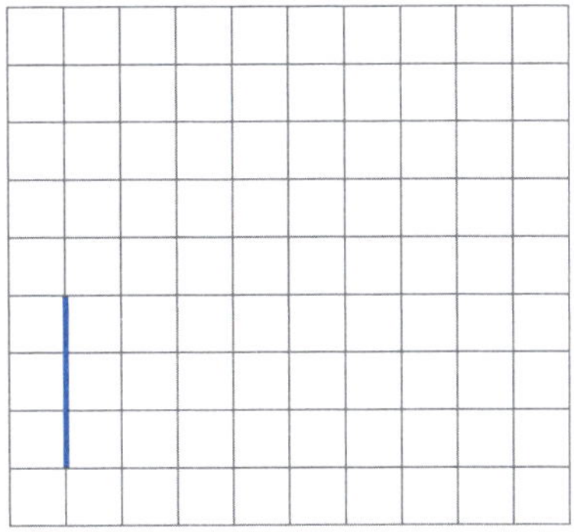

b)

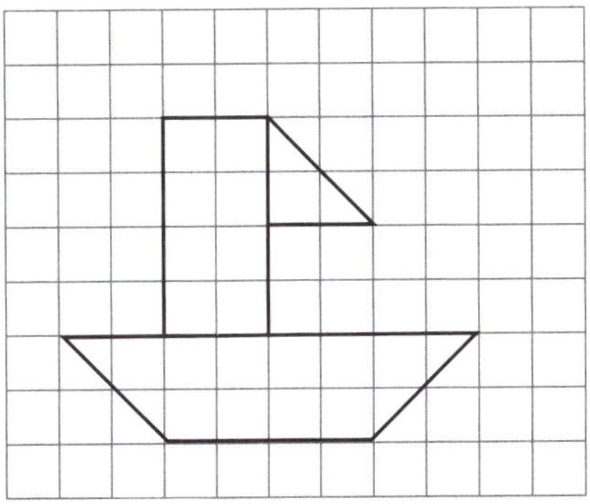

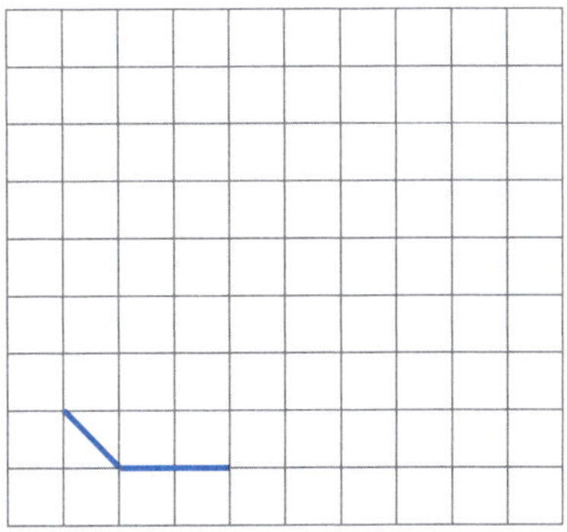

5 Vergrößere die Figur. Zeichne jede Linie doppelt so lang.

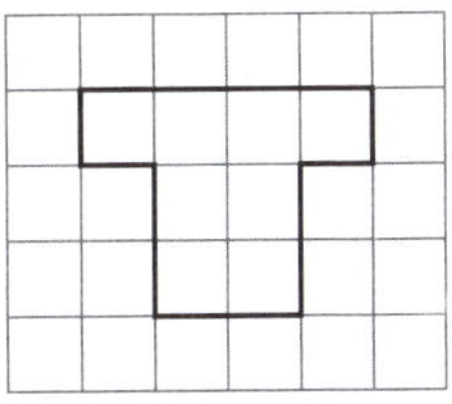

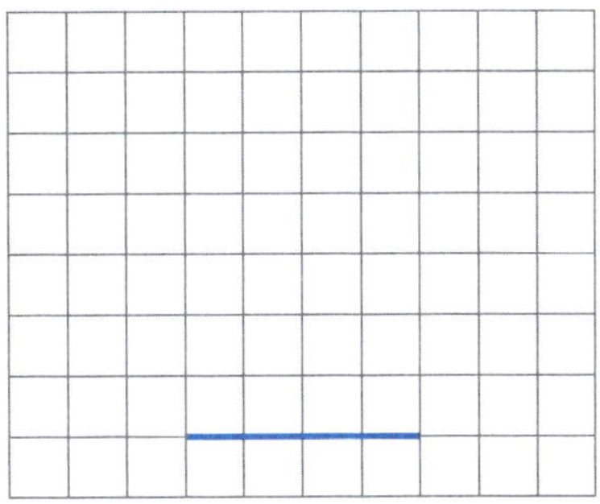

Umfang und Flächeninhalt

① Welche Figuren haben den gleichen Umfang?
Male sie in der gleichen Farbe an.

A

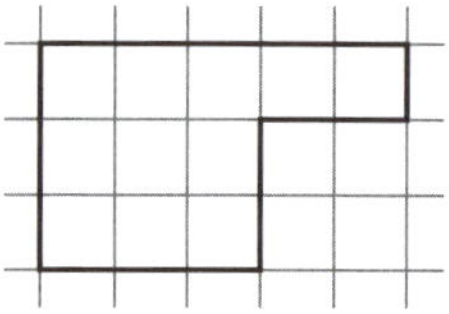

B

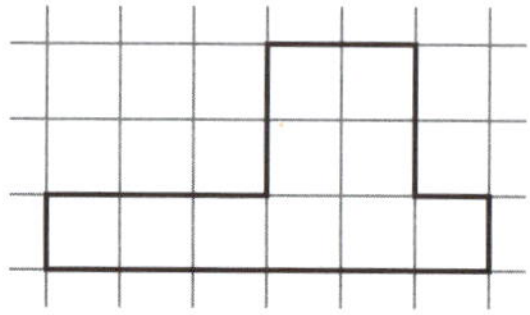

C

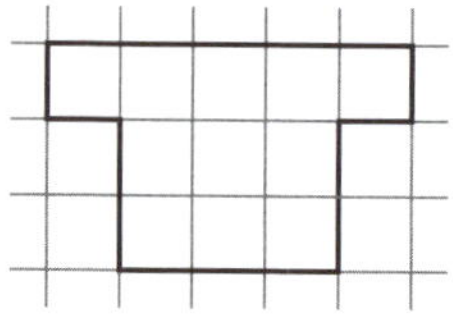

② Wie groß ist der Umfang?
Wie groß ist der Flächeninhalt?

A

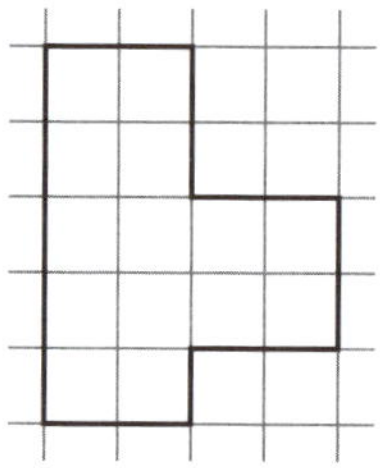

B

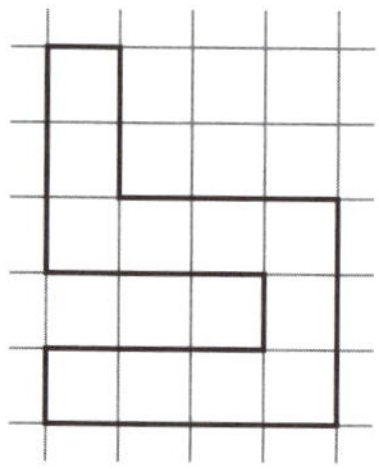

	A	B
Umfang	____ Karolängen	____ Karolängen
Flächeninhalt	____ Karos	____ Karos

③ a) Zeichne eine Figur mit dem Umfang 14 Karolängen.

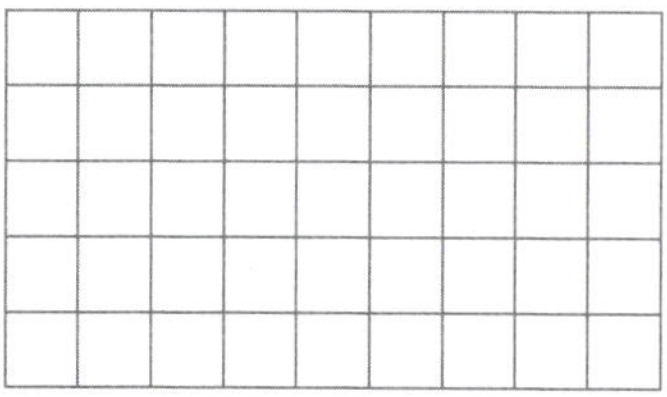

b) Zeichne eine Figur mit dem Flächeninhalt 10 Karos.

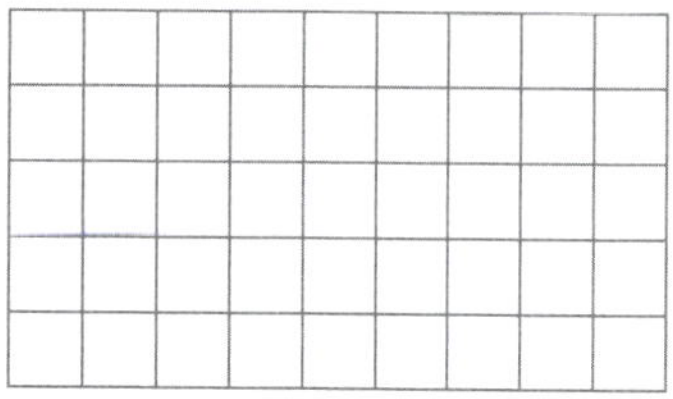

Gewichte

1 Ordne. Beginne mit dem leichtesten Gegenstand.

A

B
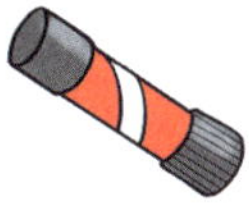

C

D

____

2 Bestimme das Gewicht.

a)

Birne: __________

b)

Kartoffel: __________

3 Lara hat gewogen.

Welche Gewichtssteine kann sie verwendet haben?
Schreibe als Additionsaufgabe.

a) 60 g = 50 g + ______________________

b) 250 g = ______________________

c) 470 g = ______________________

d) 590 g = ______________________

Kilogramm und Gramm

(1) kg oder g? Trage ein.

a) 

b) 

c) 

d) 

250 ____ 4 ____ 450 ____ 25 ____

(2) Ergänze zu 1 Kilogramm.

a) 500 g + ________ b) 820 g + ________

200 g + ________ 475 g + ________

750 g + ________ 792 g + ________

(3) Vergleiche. Setze <, > oder = ein.

a) 250 g ◯ 210 g b) 5 kg ◯ 6 kg c) 250 g ◯ $\frac{1}{4}$ kg

750 g ◯ 1 kg 5 kg ◯ 5 g 125 g ◯ $\frac{1}{4}$ kg

1 000 g ◯ 1 kg 7 kg ◯ 7 kg 400 g ◯ $\frac{1}{2}$ kg

(4) Wie viel wiegen die Kinder?
Simon wiegt 34 kg. Lara wiegt 2 kg weniger als Simon. Nina wiegt 3 kg mehr als Lara. Ali wiegt 1 kg mehr als Simon.

Simon: ____________ Lara: ____________

Nina: ____________ Ali: ____________

Liter und Milliliter

1 Verbinde.

10 l	10 ml	150 l	200 ml	1 l	500 ml

2 Ergänze zu 1 Liter.

a) 100 ml + ________

500 ml + ________

450 ml + ________

b) 320 ml + ________

945 ml + ________

103 ml + ________

3 Immer zwei Karten gehören zusammen. Male an.

1 000 ml	750 ml	0,5 l	1 l
250 ml	500 ml	$\frac{1}{4}$ l	$\frac{3}{4}$ l

4 Vergleiche. Setze <, > oder = ein.

a) 2 l ◯ 1 l

500 ml ◯ 5 l

1 000 ml ◯ 1 l

b) 750 ml ◯ 1 l

200 l ◯ 2 ml

25 ml ◯ 25 l

c) 500 ml ◯ $\frac{1}{2}$ l

250 ml ◯ $\frac{1}{4}$ l

100 ml ◯ $\frac{1}{4}$ l

Addieren und subtrahieren bis 1000

(1) Löse die Aufgaben auf deinem Weg.

a) 370 + 260 = ______

b) 465 − 175 = ______

(2) Welche Aufgaben rechnest du im Kopf? Löse diese zuerst.

a) 600 + 175 = ______

b) 264 + 178 = ______

c) 630 + 140 = ______

d) 620 − 130 = ______

e) 323 − 286 = ______

f) 413 − 246 = ______

37, 167, 442, 490, 770, 775

(3) Rechne und setze die Aufgabenreihen fort.

a)

220 + 110 = ______

230 + 220 = ______

240 + ______ = ______

______

b)

680 − 340 = ______

780 − 440 = ______

880 − ______ = ______

______

Multiplizieren und dividieren bis 1000

1 Kleine Aufgaben – große Aufgaben. Male und rechne.

4 · 8 = ____	250 : 50 = ____	5 · 6 = ____
5 · 60 = ____	80 : 10 = ____	4 · 80 = ____
600 : 3 = ____	25 : 5 = ____	6 : 3 = ____
16 : 2 = ____	800 : 10 = ____	160 : 2 = ____

2 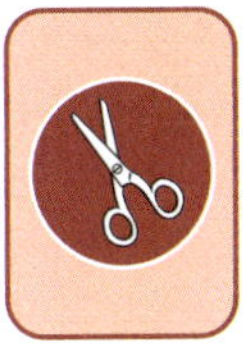

a) 4 · 19 = ____
8 · 17 = ____
6 · 21 = ____

b) 4 · 32 = ____
15 · 9 = ____
7 · 43 = ____

c) 128 : 4 = ____
112 : 8 = ____
133 : 7 = ____

d) 246 : 6 = ____
285 : 5 = ____
675 : 9 = ____

14, 19, 32, 41, 57, 75, 76, 126, 128, 135, 136, 301

3 Zerlege geschickt und rechne.

a) 98 : 9 = ____ R __
137 : 6 = ____ R __
115 : 4 = ____ R __

b) 113 : 3 = ____ R __
138 : 4 = ____ R __
219 : 7 = ____ R __

Rechnen bis 1 000

① Rechne und male.

19 · 4	100 + 40	67 + 9
2 · 70	568 – 268	6 · 50
125 + 175	380 : 5	560 : 4
620 – 480	600 : 2	264 + 36
2 · 38	280 : 2	199 – 123

② Beachte die Rechenregel.
Unterstreiche, was du zuerst rechnest.

a) 17 + 8 · 5 = ______ b) 45 : 5 + 8 = ______

c) 24 – 3 · 6 = ______ d) 630 : 9 – 60 = ______

③ Setze für die Platzhalter passende Zahlen ein.

a) 450 + ● = 520 ● = ______
730 – ▼ = 580 ▼ = ______

b) a · 13 = 39 a = ___
120 : b = 20 b = ___

c) 186 + ◆ < 190 für ◆ ____________
13 · ■ < 40 für ■ ____________

1000 und mehr

① Wie viele einzelne Dinge sind es jeweils?

a)

______

b)

______

c)

______

② Welche Zahlen sind dargestellt?

a)

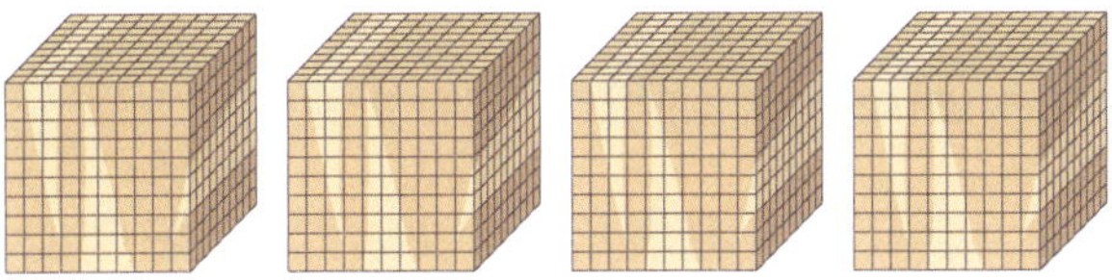

______

b)

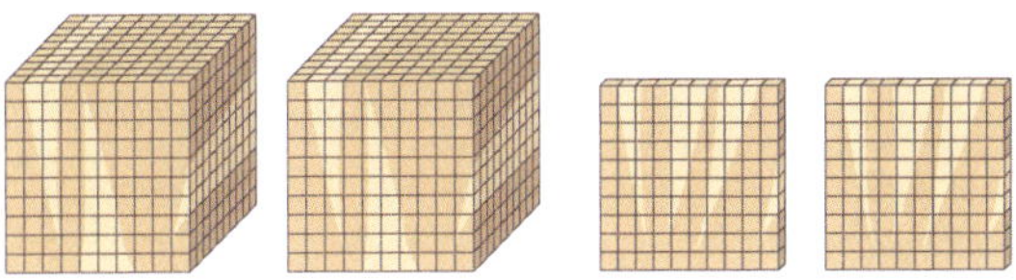

______

c)

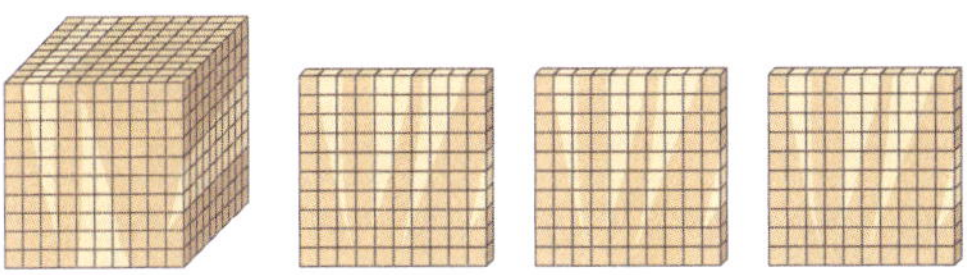

______

Der Zahlenraum bis 10 000

① Ergänze.

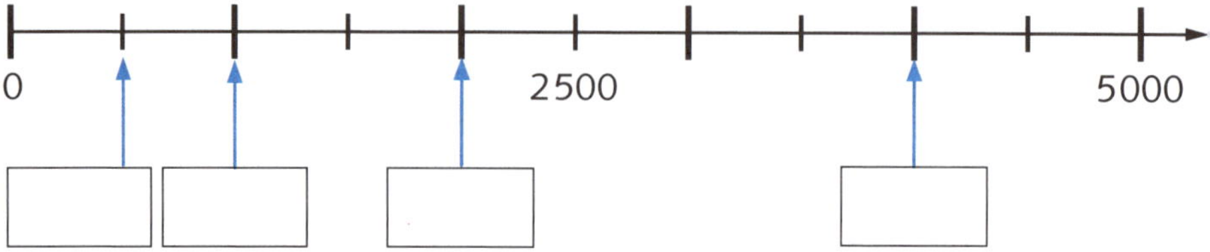

② Setze die Reihen fort.

a) 500, 1 000, 1 500, ________, ________, ________, 3 500

b) 500, 700, 900, ________, ________, ________, 1 700

c) 6 000, 5 000, 4 000, ________, ________, ________, 0

③ Ordne die Zahlen der Größe nach.
Beginne mit der kleinsten Zahl.

| 2 300 | 140 | 260 | 8 500 | 1 000 | 6 000 | 18 |

____ < ______ < ______ < ______ < ______ < ______ < ______

④ Vergleiche. Setze < oder > ein.

a) 500 ◯ 700 b) 600 ◯ 900 c) 150 ◯ 130

5 000 ◯ 7 000 6 000 ◯ 9 000 1 500 ◯ 1 300

Reise in die Klasse 4

1 000, 2 000, 3 000, ______, ______, ______

840, 790, 740, ______, ______, ______, ______

1 000 – ______ – ______ = 0

1 000 – ______ – ______ = 0

1 000 – ______ – ______ = 0

7 · 18 = ______

9 · 21 = ______

189 : 9 = ______

336 : 6 = ______

	3	3	5
+	5	2	0

	1	8	4
+	2	4	7

	6	5	7
–	3	4	2

	8	5	7
–	6	8	3

Jo-Jo

Mathematik 3
Übungsheft

Herausgegeben von	Joachim Becherer, Dr. Andrea Schulz
Erarbeitet von	Lea Feil und Jennifer Noack auf der Grundlage des Arbeitsheftes 3 von Joachim Becherer, Martin Gmeiner, Heike Keller, Mechthild Schmitz, Dr. Andrea Schulz, Tanja Wolf-Gozdowski
Redaktion	Claudia Thomas-Johansson
Illustrationen	Doris Umschaden (Kinder und Hund nach Entwürfen von Imke Sönnichsen-Kerres), Imke Sönnichsen-Kerres (Jojo), Barbara Jung (Zahlenmauern)
Grafik	Christine Wächter (Geld, Würfelbauten, Gebäude)
Umschlagillustration	Doris Umschaden, Barbara Jung
Layoutkonzept	Heike Börner
Layout und technische Umsetzung	Marion Röhr, MeGA 14

www.cornelsen.de

1. Auflage, 4. Druck 2024

Alle Drucke dieser Auflage sind inhaltlich unverändert und können im Unterricht nebeneinander verwendet werden.

Druck: AZ Druck und Datentechnik GmbH, Kempten

ISBN 978-3-06-084598-9

PEFC-zertifiziert
Dieses Produkt stammt aus nachhaltig bewirtschafteten Wäldern und kontrollierten Quellen
www.pefc.de

PEFC
PEFC/04-31-2260